U0175580

设计思维理念与创新创业实践

Design Thinking and Practice of Innovation and Entrepreneurship

陶金元◎著

图书在版编目（CIP）数据

设计思维理念与创新创业实践 / 陶金元著. —北京：企业管理出版社，2021.8

ISBN 978 - 7 - 5164 - 2429 - 2

Ⅰ.①设… Ⅱ.①陶… Ⅲ.①产品设计-研究 ②企业创新-研究 Ⅳ.①TB472 ②F273.1

中国版本图书馆 CIP 数据核字（2021）第 128529 号

书　　名：设计思维理念与创新创业实践
作　　者：陶金元
责任编辑：刘一玲
书　　号：ISBN 978 - 7 - 5164 - 2429 - 2
出版发行：企业管理出版社
地　　址：北京市海淀区紫竹院南路 17 号　　邮编：100048
网　　址：http：//www.emph.cn
电　　话：编辑部（010）68701322　发行部（010）68701816
电子信箱：liuyiling0434@163.com
印　　刷：北京市青云兴业印刷有限公司
经　　销：新华书店
规　　格：710 毫米×1000 毫米　16 开本　13.5 印张　170 千字
版　　次：2021 年 8 月第 1 版　　2021 年 8 月第 1 次印刷
定　　价：58.00 元

序

进入21世纪以来，世界范围内科学技术迅速发展，尤其是人工智能、互联网、大数据等领域的科技与商业创新深度影响着人类社会生活的诸多方面。一直以来，美国、德国、英国、日本、韩国等发达国家引领着世界范围内的科技发展与商业生态的变革，包括中国在内的众多发展中国家在这场科技竞争中长期处于努力追赶的态势。与科技进步相对应的是工业发展水平，西方发达国家借助产业革命催生的工业技术，在智能制造、航空航天、卫星通信、交通运输、机械加工、能源医药等领域也都占据主导地位，我国只是近些年才初步在部分领域取得一些突破。

深究一个国家科技发展的根本驱动力，不难发现高素质的人才是其中最为关键的因素，而高素质人才必须在纵向上具备深厚的专业领域知识、较深的理解能力、独到见解和优秀的创新能力，并拥有广阔的知识视野，通晓多学科知识。高素质人才的核心表现是具有卓越的创新精神及意识，拥有先进的创新理念，具有高水平的创新能力，掌握丰富的创新技能与方法。

我们在长期从事产品与服务开发创新实践及咨询过程中，对于掌握科学的创新理念、前沿的创新工具与方法的重要性深有体会。一家高科技公司如果不能从战略上确立创新的主导地位，不能秉承科技以人为本的理念，不能把创新发展放在首位，那么就无从谈起核心竞争力，无从谈起长远发展，在未来的竞争中迟早处于劣势，甚至在竞争中衰亡。推动企业创新战略、提升企业创新精神与水平，也是我们一直致力于创新理论研究与实践探索的关键驱动力量。

以往，国内在创新理论研究和实践上都处于落后态势。进入21世纪以来，尤其是在国家创新发展战略的指引下，包括高校、企业、研究机构在内的社会各界都大力推进创新理论研究和实践。创新方法论的引入与应用也因此得到巨大的推动，这其中设计思维（Design Thinking）和发明问题解决理论（TRIZ）分别缘起于美国和苏联两个超级大国，成为创新方法论的优秀代表，国内有大量的专家致力于这些方法论的吸收、借鉴与应用。

在实践过程中，我们发现国外的知识和工具在引入国内落地应用时，往往面临文化差异与语言障碍、应用环境差异等带来的理解障碍，设计思维创新方法论也同样存在这一挑战。挑战的具体表现主要有两个方面：一是在理论知识的理解和吸收上存在误差，也就是由于文化差异与语言障碍，抽象的理论容易使得理解产生偏差，尤其是非常细微的概念界定和意义阐释；二是在具体实践的步骤环节上，跨边界的交流使得具体操作流程难以被高效复制，除非是面对面的交流与互动，而这又会产生极高的成本。因此如何能够确保抽象的理论知识被精准传输，又保证工具方法能够得到无偏差的学习吸收，往往就需要有专业的团队和人才来实现这个跨界的衔接。

在知识和工具方法跨界传播过程中，准确地理解、吸收、表达与传播是一条高效的通路，这其中采用专业性书籍的方式不失为一个便捷的方法。然而在国内能够系统论述设计思维方法论的工具书却极为少见。现在，我欣喜地看到，陶金元博士做出了非常有益的尝试，这本著作即将问世。

在我看来，本书结构性地、深入浅出地介绍了设计思维作为一个系统化创新方法论的来龙去脉，重点介绍了以人为本的设计创新理念和具体操作步骤。不仅能够为读者提供极为有力的支撑，更能够协助设计思维的实践者在学习过程中突破理解上的难关和应用上的一些挑战。

在此，我向那些初步接触设计思维，或者已经具备了一定基础但在理解上又存在困难的创新实践者们，尤其是那些致力于通过掌握创新方法论达成创新创业目标的青年才俊们，郑重地推荐由陶金元博士撰写的《设计思维理念与创新创业实践》一书。

让我们一起努力持续深入地学习探索，为科技发展和人民生活水平的提高做出我们应有的贡献。

姜台林 博士

法思诺教育咨询（北京）有限公司总裁、国际设计思考学会（International Society for Design Thinking）副主席

前　言

在快速发展、变革和创新的当代中国，创新创业上升为国家战略。社会生活实践中，市场经济的持续深入发展要求众多企业能够紧紧围绕消费转型升级，洞察消费者需求的变化，及时推出符合需求的产品和服务。与此同时，创业者和企业经营管理者能否富有探索精神地把握时代脉搏、吸收并开展技术创新、创新商业模式，在很大程度上决定着经营成败。在国家创新创业战略背景下，广大高等院校、企业大学、教育培训机构以及众多创新创业孵化器都在探索如何能够更好地产生新颖的创意、打造创新性的产品、实施独特的商业模式与策略，进一步推动企业战略创新，进而打造企业的核心竞争力。

因此，无论是企业创新实践，还是高等院校、中小学及其他市场化教育培训机构的创新教育，都迫切需要既具有科学的理论基础，又能切实对实践发挥指导作用的创新方法和工具。全球范围内的各国企业实践家和学者们都在做各种不同的有益尝试，包括对已有创新理论的凝练与发展、实践手段的丰富完善与发展等，催生了诸如设计思维(Design Thinking)、发明问题解决理论（TRIZ）等卓越的创新方法论，融合了各种高效的创新实践工具。尤其是设计思维，经过全球众多科技创新公司、知名高校及各种培训机构的努力实践与理论探索，已发展成为一种应用广泛、科学规范、综合性强的创新方法论，被国际、国内如IDEO、宝马汽车、波音、苹果、华为、华润、腾讯、阿里、京东方、同方威视等众多知名公司，以及斯坦福大学、哈佛大学、清华大学、北京大学等高校应用于创新创业实践和教育培训中。深入的应用实践和理论研究证明，设计思维创新方法论为创新创业实践提供了内容、方法、路径等多方位的参考依据。

一、设计思维创新方法论特点

理论研究和应用实践都表明，设计思维创新方法论具有显著的优点。

（一）“以人为中心（Human—centered）”的理念

设计思维创新秉承“以人为本、以用户为中心”的理念，以求打造出能够真正吻合需求，甚至超越用户期望的产品或者服务。设计心理学的应用贯穿设计思维创新实践整个过程中，以深入洞察用户需求为开端、以用户反馈和满意度评价为价值评价标准，采用了包括同理心、用户历程图、利益关系人分析等大量用户分析工具，追求设计创造出让用户惊喜的产品或服务。在这种理念的指导下，能够有效规避“敝帚自珍”这种创新陷阱，真正以市场和消费者为中心，确保创新价值，降低创新创业失败的风险，提高创新成功率。

（二）跨界合作的团队模式

设计思维创新多采用工作坊的模式来进行，基于明确的创新价值目标来组织不同领域的成员开展跨界合作，催生孵化更卓越的创意，提高创新效率。工作坊本身就是一种团队合作创新性产品的组织形式，不同领域的团队成员能够从不同角度提供创意贡献，也能带来较高程度的观点冲突，在避免狭隘自闭的同时，刺激产生更独特新颖的创意。在条件允许的情况下，设计思维创新工作坊鼓励不同文化背景的成员参与创意头脑风暴。这种跨界合作模式，有助于避免团队成员落入讨论具体工作挑战的陷阱，而着力于创新性地解决问题。

（三）结构化的流程工具

创新是要打破常规，突破固有的习惯和流程，因此可以说创新既是科学的，也更富有艺术色彩。这也同时给如何创新、采用什么样的具体流程和工具带来很大的挑战。设计思维创新整合了社会科学、工程技术科学、自然科学等诸多学科的理论，将这种以人为本的创新模式进行一定程度的流程化，并融合了各学科领域的专业化工具，以解决不同节点的具体问题。这种结构化的流程，如同菜谱一样，即便是从来没做过菜的人，照着菜谱做菜，结果也不会太差。当然，如果想把菜做得一流美味，还需要对各种工具灵活运用，而不是照本宣科。这正是设计思维创新可以学习，更可以自我发挥的原因所在。

（四）开放融合的方法体系

从源头根本上讲，设计思维创新并不是一门独特的学问，而是融合了多学科领域的知识和工具，这就决定了其本身就是一个开放融合的系统体系。尽管都遵循人本主义的理念，但从美国斯坦福大学的 d. school 到德国的波茨坦大学的 d. school，再到中国的清华大学、北京联合大学的创新实验室，更具体的到世界各国的企业创新实践，不同的组织所采用的设计思维创新工具可能会存在极大的差别。随着社会的发展，会持续不断地有更广阔的学科知识和工具被引入到整个方法论体系中来。正如同菜谱可以统一，但是做菜的原料、厨具、搭配和火候会因时因地存在不同，也会持续地冲突、借鉴、融合与创新，创造出更多的菜肴来，也正是这样才使得这个世界存在众多的美味佳肴，每个国度和区域都充满了魅力。

（五）价值导向的创新模式

任何社会实践活动及其个体都有其特定的目标导向，设计思维创新活动更不例外。设计思维创新本身就遵循以人为本、以用户为中心的理念，目标在于挖掘并不断满足用户的需求，因此，为用户提供价值创新是所有设计思维创新活动的目标所在。现实社会中，企业乃至任何组织的存在都有其特定理由，都必须为人类社会的发展做出贡献，任何个人、团队和组织的创意孵化、创新活动和创业行为都必须以提供社会创新价值为目标。设计思维创新正是服务于这一目标，在创新创业活动中具有广泛的应用价值，这也正是本书的目标所在。

二、编写目标

本书将设计思维创新方法论应用于创新创业训练，目的有以下几个方面：

第一，推进卓越创意的产生。创意是否卓越，既不取决于创意者评判，也不取决于任何专家的评判，唯一的标准就是实践，也就是能否被社会和消费者认可和接受，因此，创意必须是洞察社会问题后所探索的产品、服务和商业模式等创造性成果，本书意在推广设计思维创新的核心理念和方法，以期能够提升创意与社会需求的一致性。

第二，提升创新水平。创新水平的高低也同样取决于是否能够高效率地满足使用者的需求，创新是创意具体化的过程，需要集思广益，设计思维注重跨界合作，本书也以提供跨界的模拟训练为重点，强化学习者的体验。

第三，推动创业活动的科学性、适应性。商业模式是否科学合理、能否适应创业活动的需要，并成为产品和服务对接消费者的高效载体是创业成败的关键性安排，本书以权威商业模式画布为工具，通过模型化的方式，帮助学习者构建综合性的理论框架，并掌握有关方法技巧，有助于提升创业活动的成功率。

总之，本书意在为读者提供设计思维创新方法论的基础理论、逻辑步骤和工具方法，为读者提供易于理解、容易接受、便于操作的创新方法论和工具。

三、阅读建议

国内外关于设计思维创新方法论的文章和著作很多，但侧重面不同，大多把关注点放在了理论阐述方面，而鲜有对具体实践流程和方法的介绍。众多设计思维创新方法论的爱好者，多是在阅读理论文献的基础上，参加短期培训班。这些培训班有些能够提供较为规范的实践流程和工具方法，但是容易理解不到位、时间久了忘记核心知识点。本书的定位重点在于理论和实践的紧密结合，重点关注设计思维在创新创业实践中的应用，因此建议读者在阅读使用本书时，关注以下几个方面：

第一，注重基础理论学习与跨界交流。设计思维创新的有关理论和工具来自于多个学科领域，初学者会面对理解容易、操作困难的挑战，也就是说对于有些知识点看起来很简单，但是实际自己动手操作却又无从下手。根据作者经验，这种现象在极大程度上是由于跨学科领域所导致，比如工程设计领域对于管理学科的理论理解上不会存在难度，但操作上就会产生陌生感，同样两者换位过来体验也是一样。因此，作者建议在使用本书时，除了需要认真领会重点概念的内涵，避免误解外，同时也建议尽量跨界交流与学习。也即在学习和训练过程中，尽量组织不同行业、不同专业背景的读者一起体验交流，当然这也是设计思维的一个关键原则，在学习过程中的应用更容易促进产生卓越的创意和高水平的创新。

第二，注重学习结果导向。本书的章节都以现实中的问题为导向，以解决问题为主线，注重实际操作和结果的产出。在章节安排上，本书也针对不同的环节，提出不同的学习目标。因此在学习过程中，读者除了能够保证理解关键概念和核心知识点外，应该更重视掌握一些实践活动的原则性程序和步骤，掌握所介绍的工具、方法和技巧，并确保在进入下一个环节前能够掌握前置内容。

第三，注重理论和实践相结合。即切实避免传统的理论教学学习模式，注重体验。本书内容强调训练的方式，很多理念看上去可以理解，但不见得具体操作起来能够得心应手，为避免纸上谈兵，建议读者积极动手参与，“用手思考”而非停留在天马行空的想象层面。同时，建议读者在阅读过程中，除了理解和掌握书中所介绍的案例和工具，也应该随时联系当前社会现实中的问题并做深入的思考，积极尝试运用所掌握的概念、理念、原则和方法，自行探索应用的可能性，分析当前方法的优点和不足。本书作者也欢迎读者积极联系我们，共同探讨更为优异的路径和方法。

四、结构体例

本书立足于基本的建构主义教育理念，充分考虑读者自学和教育培训的特点，在体例设计上注重理论学习和实践训练相结合。一方面要有助于读者深入理解有关核心知识点，构建自身的知识体系和逻辑框架；另一方面也要保证学以致用，能够提供清晰的应用流程和丰富的工具。因此，本书在整体编排上，按照国际通用的设计思维创新步骤展开；而在具体章节开篇上，首先提供核心知识点介绍，进而提供明确的训练指导，并提供附加的参考做法、创新工具以加深理解和丰富实践技巧。

本书也是作者个人所主持的北京市社会科学基金基地项目《北京公共文化产品设计驱动型创新管理机制研究》（编号：18JDGLB016）一定研究阶段的部分成果。希望也能够倾听更多的学者、创新顾问们的批评与建议。

目　录

第一章　设计思维概述

理论和实践在人类社会发展过程中，很像一对关系稳定的恋人或夫妻，都缘起于人类探索世界、认识世界并驾驭世界的动机，在社会历史中既单独发展，又脱离不了彼此的支撑。设计思维最初作为一种人类的思维模式也同样有着强烈的理论属性，需要从人类的创新创业实践活动中获得支撑从而获得持续发展的动力。同时，创新创业实践活动也需要从已有的理论成果中获得指导，避免走弯路或者重复过去的故事，并着力于提高效率，或者获得新的发展。本章的目的在于梳理设计思维发展的历史进程，并对创新创业实践现况与要求进行分析，提出设计思维应用于创新创业实践训练的基础与方向。

设计思维发展至今，已成为一种富有生命力的方法论。从隐喻的角度来看，这个强壮的小伙子也有着其特有的生命起源与成长路径。从历史的角度看，设计思维的起源与发展也有着清晰的发展脉络，设计思维逐渐发展成为一种系统的方法论，既是诸多鲜活的设计创新实践活动的集合，也是一个理论研究不断深入丰富的过程。

一、起源与发展

（一）设计实践与研究

1. 设计实践的历史发展

设计作为一种人类实践活动，有着悠久的历史，是伴随着人类认识和改造物质世界而不断演化的一种实践行为。广义上说，如果从远古来看，猿人加工石块或者树枝成为一种狩猎工具也可以视作为一种设计活动。设计在人类社会的职能必然是伴随社会发展而演变。进入工业社会以后，设计则更发展成为一种企业普遍具有的职能，这个过程也是设计活动在实践中尤其是新产品开发过程中的地位不断加深的过程。

在三次工业革命的历史进程中，不论是蒸汽机和纺织机的发明与改进，还是电气化的发展与原子发现和计算机发明与使用带来的自动化社会，都伴随着新产品设计的关键活动。在工业化不断发展的进程中，设计实践所发挥的作用也逐步深入，尤其是对于满足人类社会进步需求的新产品研发起着举足轻重的作用。与此同时，人们对于设计的认知和重视程度也在不断加深。也有学者对设计角色演化做了系统的分析（见表 1-1）。

表 1-1　设计角色职能演化

时　期	设计的角色
19 世纪	业务导向的商业或制造业职能
20—50 年代	专门的技能
60—70 年代	专业与职业
80 年代	品牌主导者
90 年代	新产品开发的子流程
21 世纪早期	引领新产品开发

资料来源：Helen Perks，Rachel Cooper，Cassie Jones. Characterizing the Role of Design in New Product Development：An Empirically Derived Taxonomy [J]. Journal of Product Innovation Management. 2005 Vol. 22；Iss. 2：111-127.

在设计角色职能不断演化的过程中，与实业应用相呼应的是国家教育层面也在加强支持与投入，尤其是处于工业革命发源地的德国、英国和美国。1919 年，德国魏玛市的“公立包豪斯学校”（Staatliches Bauhaus）成立。在两德统一后位于魏玛的设计学院更名为魏玛包豪斯大学（Bauhaus-Universität Weimar）。它的成立标志着现代设计教育的诞生，包豪斯被公认为世界上第一所完全为发展现代设计教育而建立的学院。英国于1966年成立了设计研究学会（Design Research Society）。美国于1967年成立了设计方法小组（Design Methods Group）。1968年创刊的《设计研究》（Design Studies：The Interdisciplinary Journal of Design Research）以及1984年创刊的《设计问题》（Design Issues）等重要期刊为这一领域提供了持久的阵地。教育与学术期刊的诞生，推动着设计理论的繁荣发展。

2. 设计理论研究

伴随着设计实践的发展，设计实践者和理论家们不断地对这一学科的理论发展做出贡献。基础性研究主要包括设计所解决的问题、设计的职能、设计的科学原则。

对于设计所解决问题属性的分析是设计理论研究的基础。美国伯克利大学设计领域学者Rittel和Webber（1973）提出W型问题（wicked problem：模糊复杂的难界定问题）和T型问题（tame problem：易定义和限定类问题），W型问题的解决不能简单地依靠传统整合社会价值和个体的价值需求解决。后来在其观点基础上，Conklin（2005）指出解决T型问题框架采用传统的线性思维模式，而对于W型问题则需要在线性框架下，采取阶段性反复震荡迭代收敛的模式，是在问题解决层面给予设计思维持续迭代思想的具体支撑。

设计职能的研究包括设计（师）的作用及价值、与产品研发创新的关系等。如将设计界定为“创新中的核心工作，其目的是产生一个能够表现对象视觉效果、装置和外形的原型”，并认为“设计的作用是将技术引入社会结构中去”（Aubert，1982，1985）。设计师在产品开发过程中担当了整合市场需求与产品设计的“看门人”

职责（Walsh，1985）。好的设计能提高生活质量，设计师担负着增加社会福利的道德责任（McDermott，1992）。

关于设计原则的理论研究为设计思维发展进一步奠定了坚实的基础。诺贝尔经济学奖得主 Herbert A. Simon 早在其 1969 年的著作《The sciences of the artificial》中就提出了“在语义丰富的任务领域，可以用结构模型作为设计过程原型”的观点。斯坦福大学的 Robert Mckim 提出了通过视觉思维体验来提升洞察和感知现实世界的能力，其理念和技巧被斯坦福大学 d. school 创始人 David Kelley 视作斯坦福设计项目方法论的核心，用来帮助学生提高他们的感知能力。极具代表性的是美国认知科学家诺曼（Norman）从认知心理学的角度出版了若干本著作，探讨了许多设计的问题，是第一位提出“以人为中心的设计（human-centered design）”学者。

这些 21 世纪以前的研究主要是伴随实践的发展，从各方面进行的经验总结和探索，都能紧扣当时的时代主题，但是相对而言具有显著的碎片化的特征，都是基于各自领域和倾向的分析和总结，但是也为形成系统化的方法论奠定了坚实的基础。

（二）设计思维方法论

1. 设计思维理论与实践探索

理论研究上，基于设计理论研究的进一步丰富和凝练，一些有关设计思维框架性的成果浮出水面，逐渐形成设计思维实践和理论研究的方法论雏形，当然这是一个理论成果非线性叠加的过程。哈佛大学的 Robert Rowe 在 1987 年出版了他的《Design Thinking》一书，重点介绍了建筑设计师通过调查完成任务的方式，被公认为最早提出“设计思维（design thinking）”这一概念。而对设计思维所着力解决的 W 型问题，Richard Buchanan（1992）结合设计实践，在前人关于 W 型问题特征的基础上，详细分析了该类问题产生的原因，提出设计师的重要职责就在于把不确定性的问题用具体的物质来呈现和回答，并进一步拓宽了设计思维解决 W 型问题的理论和应用范围。

随着社会的进步所带来的人们对生活品质要求的提高，设计实践推动者设计思维向专业化发展为标志。早期具有代表性的实践事件则主要以 IDEO 公司的诞生与发展为标志。1991 年，David Kelley、Bill Moggridge 和 Mike Nuttall 这三位好朋友合并了大卫·凯利设计公司（David Kelley Design）和 ID Two 成为 IDEO 公司，大卫·凯利曾于 1982 年为苹果公司设计出第一只鼠标，而 ID Two 则于同年设计出了全世界第一台笔记本电脑。那台 Grid 笔记本电脑现在陈列于纽约现代美术馆。凭借几十年来在以人为本设计领域的实践经验，IDEO 如今开始把以人为本的设计方法广泛运用于全世界最为复杂的系统性挑战，包括健康医疗、政府、教育等。IDEO 公司的发展引导了从工业设计到“以人为本、以用户为中心”的交互设计的演化。

2. 设计思维方法论的形成

众所周知，从哲学的角度上讲，方法论是指人们认识世界、改造世界的一般方法，是人们用什么样的方式、方法来观察事物和处理问题。概括地说，世界观主要解决世界“是什么”的问题，方法论主要解决“怎么办”的问题。一个方法论的形成，必然包括解决某一个问题的理论基础、逻辑框架和工具体系，这些内容的具备必然要有坚实的基础，拥有理论研究的成果和实践活动的支撑。这些都需要专门的机构及专家学者和践行者。设计思维作为一个系统的创新方法论要形成，也不例外。

我们认为，斯坦福大学工程学院开设设计学院（d. school）可以看成为设计思维方法论形成的里程碑式标志。首先，此前众多设计理论研究学者的成果为设计思维方法论的诞生提供了深厚的理论基础，尤其是包括人本主义理论（Abraham Maslow 和

Carl Rogers)、设计心理学（Donald Norman 为代表)、W 和 T 型问题理论（Richard Buchanan 为代表）在内有关设计思维基础理论的日渐完备，构建了设计思维理论基础的内核。其次，设计实践领域，1991 年由 David Kelley、Bill Moggridge 和 Mike Nuttall 这三位好朋友合并各自公司，成立知名设计公司 IDEO，并从此前帮助苹果公司设计第一只可量产的鼠标开始，持续推广以人为本的设计，引领“用设计创造转变”的前沿，带动了新产品和解决方案领域的广泛应用。最后，作为世界知名高等学府，斯坦福大学于 2005 年前后，在德国著名软件公司 SAP 的支持下，由该校机械工程系教授 David Kelley 牵头创立了斯坦福大学哈索·普拉特纳设计研究所（Hasso Plattner Institute of Design at Stanford University)，一般简称 d. School。在他的带领下，使得设计思维成为一门可以教授的课程，并且面向全球进行传播，使得设计思维作为一种方法论日渐发展完善。

（三）设计思维的发展

随着 VUCA 时代的深入发展，全球范围内的竞争愈趋强烈，创新发展的理念越来越深入到国家、组织与人心中，企业实践及高等教育尤其需要方法论的指导，也使得设计思维方法论为社会各界所日趋重视，并开展相关理论研究与实践活动。

理论研究在世界范围内深入开展。代表性的研究包括：Brown（2008，2015）对设计思维理念进一步阐释、扩展设计思维应用的范围；Verganti（2003）和 Utterback（2006）进一步补充说明了设计概念，指出设计可以理解为一种创新整合过程，其整合对象包括技术、市场需求和产品语言三方面。Verganti（2014，2018）将设计驱动（design driven）及其工具方法广泛应用到创意开发与实现、创业经营及商业模式制定、战略规划领域。同时，众多针对设计思维引入到智能制造、工业工程、服务设计等领域的实践研究成果涌现出来，也有很多相关应用指导手册和研究著作出版。

实践活动也在全球各地蓬勃发展，既包括高等院校的教育与创新活动实践，也包括众多科技创新公司的内部创新活动。

继 2005 年与斯坦福大学联合成立 d. school 后，SAP 软件公司的创始人哈索·普拉特纳先生于 2007 年在德国波茨坦大学也建设了第二所 d. school。同期在欧美诸多国家的高校如哈佛大学、纽约大学、剑桥大学等也纷纷以不同形式成立以设计思维方法论为核心的机构，或者开发相关课程。2016 年，世界范围内若干位学者和实践家们在美国芝加哥市成立了致力于设计思维创新方法论传播的国际设计思考学会（ISDT）。在中国，较早开设设计思维类课程的主要是一些高校的艺术设计相关学院，如清华大学美术学院、中国传媒大学艺术学部等，并设立相应的专门机构。尤其是在 2015 年中国确立创新创业战略后，众多高等院校纷纷发力，如浙江大学进一步推进了“ZTVP”项目建设并强调应用设计思维，北京联合大学成立“创意工坊”，并开设基于设计思维的专业课程。

企业实践方面，为了增强自身核心竞争力，提升科技创新能力必然是不二的选择。国内知名企业，包括华润集团、中化集团、京东方、美的电器、华为公司、同方威视、阿里、腾讯等诸多创新意识较强的公司都从不同角度和专业领域引入了设计思维理念或者项目活动。与此同时，一些致力于专业化创新的教育培训机构也对设计思维的发展起到了强力推动作用。

二、核心概念界定

（一）设计思维

尽管“设计思维”是一个创新界耳熟能详的名词，但对于入门者而言，在理解上还是有一定的挑战。设计思维，这个专业词语由“设计”和“思维”两个词来组成。设计，大辞海解释为造型艺术术语，广义上指一切造型活动的构思规划、实施方案，其本身当然是一种实践活动；思维是人脑的技能或者说是思维最初是人脑借助于语言对事物的概括和间接的反应过程。思维以感知为基础又超越感知的界限。通常意义上的思维，涉及所有的认知或智力活动。它探索与发现事物的内部本质联系和规律性，是认识过程的高级阶段。因此从字面上来理解的话，“设计思维”可以直观地理解为“设计的思维”或者“像设计师一样地思考”，更精确的说是“以设计师的思考逻辑与方法来解决问题”。

Rowe（1987）最早提出了“Design Thinking”（设计思维）这一概念，但是并没有进行具体的定义。Kelly 和 Kelley（2013）指出设计思维是运用专业设计师的工具和思维模式，发现人的需求并制订解决方案的方法，以创造性的新方法应对个人社会和商业所面临的各种挑战。IDEO 设计公司总裁 Tim Brown 曾在《哈佛商业评论》定义：“设计思维是以人为本的设计精神与方法，考虑人的需求、行为，也考量科技或商业的可行性。”

由上述论述可见，随着理论研究的持续发展和广泛的实践应用，设计思维的内容也在不断地丰富，不断推进这一方法论的形成与发展。概括来讲，设计思维包含几个核心要素：

（1）秉承人本主义理念，追求以人为本，以用户为中心；

（2）坚持解决问题的目标导向，针对解决复杂难以被定义的问题，追求解决或者重构问题并探索解决方案；

（3）贯彻高效迭代思想，追求快速高效占领先机并持续迭代创新确保竞争优势；

（4）注重兼收并蓄、融会贯通，组建各学科的方法工具库并不断丰富优化；

（5）强调跨领域团队协同，激发个体及团队成员潜能及创造力。

基于以上核心要素，我们尝试将设计思维定义为：**设计思维是一个秉承人本主义理念，“以人为本、以用户为中心”，追求产品或解决方案快速高效迭代以确保竞争优势，实现多学科领域团队协同创新的问题解决模式、思维逻辑和工具集合**。

（二）设计思维创新

设计思维从最初作为艺术设计和工业设计的有效工具，在DIEO公司和斯坦福大学等各种机构和爱好者的推动下，已不断被应用到诸多领域，成为众多商业产品成功的支撑力量，被用来提升消费者体验，甚至业已应用到公司战略和组织制度建设领域（Brown，2015）。

设计思维本身就是基于问题导向的，目的之一在于打造出新的产品或解决方案，并创造更多的可能性，用过去不知道的方法去解决问题，其过程实质就是在探索新事物、新产品和新方案，天然就是用于创新过程的组织，因此在国外的理论成果中，多用“design thinking for innovation”的说法，少数有“innovative design thinking”的说法。在中文的叫法里，不少机构和学者称为“创新设计思维”。但由于设计思维作为方法论形成也不过是在21世纪初，所以并没有太多人关注其实际意义。

自2015年我国提出“创新创业战略”（简称双创战略）后，商界、教育界、政府机构和社会服务公益组织等开始重点探索创新的方法论，设计思维、TRIZ方法论等各种创新工具，得到相关业界人士的重点关注，并探索将这些工具应用于实践活动，开展相关理论研究。而设计思维方法论应用于创新创业实践，重点在于探索问题的解决，着力于产品或解决方案创新，创业活动首先应该以创新为基础。

鉴于“设计思维”与“创新”两个名词之间的关系，指的是将设计思维应用于创新活动，指导创新实践。“创新设计思维”一词容易引起人的误解，造成“创新设计”与“创新设计思维”

两个词的不当理解，而且将词语“创新”作用于“设计思维”，不太符合中文的习惯。因此我们认为“设计思维创新”是适合表达相关理论成果与实践活动的词语。

因此，相应地基于设计思维的定义，我们把设计思维创新界定为：**应用设计思维方法论，秉承人本主义理念，“以人为本、以用户为中心”，追求产品或解决方案快速高效迭代，采用多学科领域团队协同的问题解决模式、思维逻辑和工具，达成产品或解决方案创新的实践过程**。

三、设计思维的内容框架

（一）内容逻辑

设计思维创新以深刻把握用户需求并提供颠覆式的创新产品或服务为目标，依据大量的文献研究，并参照实践活动中的做法，一般将其分为用户研究、提出假设和方案验证三个阶段性核心内容。

1. 用户研究

在这一阶段，创新实践者的主要工作包括确定创新领域及主题、明确研究对象及其利害相关者、制订研究方案与用户洞察方法、开展调查与访谈、数据分析与同理心洞察等内容，这些工作的主要目的在于对用户的需求进行深入的洞察，探寻用户的潜在需求，这些需求在很多情况下是用户自身都没有意识到或者无法表达出来，这就使得设计思维创新方法论从根本上就能更理解消费者。

设计思维创新方法论在用户研究过程中所采用的调查研究方法与传统市场营销的调查方法存在很大的不同。传统的市场调查一般采用问卷调查、面谈等，而设计思维创新方法会采用比如沉浸式体验、潜影观察、角色扮演等方式，目的在于真正能够以

“用户为中心”，体察到用户的痛点需求。

2. 需求假设

在通过深入访谈观察获得一手数据后，设计思维创新方法采用丰富多彩的结构化工具，诸如族群分析、人物志、情景故事、逐字稿、同理心地图、POV、HMW 等，按照用户逻辑推导出用户需求假设。当然这种假设存在一定主观成分，会受到创新实践者本身因素的影响，但其基本逻辑是严格地遵守了“以人为本、以用户为中心”的理念，并且会在后续流程中回到用户场景中进行多次检验修正。

3. 方案验证

在初步识别出用户需求后，设计思维创新采用团队创意的方法，融合不同领域的创新者，基于用户文化脉络探索满足用户需求的创造性产品或解决方案，进而采用快速原型的方法将概念、创意、解决方案予以表达和呈现，并推广到用户场景中，征求目标用户的意见，根据反馈进一步修订完善，直到能够让用户满意甚至超出想象为止。

（二）基本流程

尽管设计思维是以解决问题为导向的创新方法论，强调非线性的思维解决问题，但不论是学术界还是实践界都努力将其进行结构化操作，也即刻画成若干个线性的步骤，在此基础上实现非线性的重复迭代。综合文献研究和实践交流，设计思维创新比较典型的结构化步骤是英国设计委员会的双钻石模型和斯坦福大学的 5 步骤法。

1. 英国工业设计委员会的双钻石模型

英国工业设计协会（British Design Council）在与数家世界一流企业合作长期开展设计研究的基础上，于 2005 年提出了双钻石模型（Double Diomand Model），因模型非常相似于两颗菱形钻石并排横卧而得名。双钻模型的总体思想是基于寻找发现正确的问题、探索出解决问题的正确方案，前后两个阶段分别各经历一次思维发散与收敛的流程，这种结构化的设计方法形成了两颗钻石模型框架。双钻模型始于未知的问题，终于问题的解决和已知状态，主要包括两个阶段（见图 1-1）。

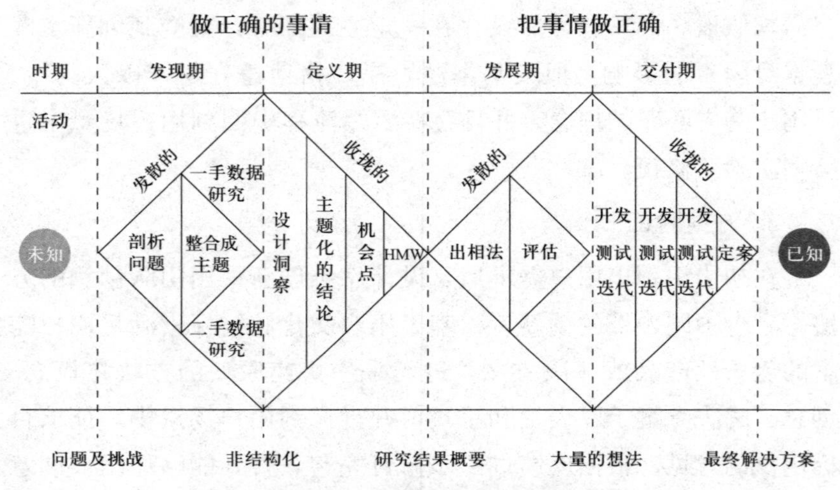

图 1-1　英国设计委员会双钻石模型

注：作者根据百度图片修订

阶段一：发现问题的阶段，致力于保证做正确的事情，主要开展的是探索与调研工作。在此阶段，首先开始的是对未知的问题进行剖析，从纷繁复杂的现象中，通过采取合理的调查研究获得大量的一手和二手数据，完成第一次的发散；进而透过数据信息去探索问题的本质，归纳出问题的主题，并构建明确的待突破设计目标、价值，完成设计洞察工作，定义具体的问题，完成第一次发散基础上的收敛。具体来说，这一阶段所开展的工作包括调查研究目标用户、产品或服务现况、用户需求及场景、竞品分析、行业分析等，最终得到一系列的研究结果。然后进入阶段二。

阶段二：解决问题的阶段，致力于把事情做正确，主要开展的是创意与开发工作。在此阶段，首先，针对在第一阶段末尾界定的设计问题，开展大范围、自由的发散性思维，寻求尽可能多的创意与想法，并针对这些创意进行澄清、交流与评估等工作，完成第二次的发散；其次，在此基础上进入第二次的收敛，也就是通过反复的原型开发、测试与迭代工作，逐步淘汰与筛选优秀的创意，形成最终的产品或解决方案。这一阶段的具体工作包括创意点子发散、构思、评估、筛选、原型、测试、迭代与传达实现等。

总体上讲，双钻石模型系统精炼地把基于问题出发、终于解决方案的设计过程以结构化的路径表达出来，其核心价值主要表现在三个方面：一是提供了一个问题—方案的结构化路径，构建了清晰的思考逻辑，把思考过程拆解成可借鉴的具体步骤；二是关注问题的本质，致力于通过调查研究寻找问题背后的逻辑，尤其人本主义的需求逻辑；三是这个模型提供了非线性的迭代路径，把抽象的思维迭代过程具体转化为实际的动作步骤，实现了思维的可视化。

2. 斯坦福大学设计思维 5 步骤

另外一个代表性的设计思维流程框架是斯坦福大学 d. school 所采用的 5 步骤模型，在此基础上后来又衍生出了 6 步骤法，甚至还有德国、英国等国家的学者和实践者将其进一步细化为 7 步法、9 步法。鉴于 5 步骤法是早期经典的模型步骤，也容易为人所理解和接受，成为理论界和实践界应用更为广泛的框架。基于本书的目的在于向读者普及设计思维的主要理念、流程及工具，为了便于读者理解和接受，本书采取业界广为采用的 5 步骤法。

典型的设计思维创新的 5 步骤法把开展创新实践活动划分为：洞悉感受（Empathize）、发掘界定（Define）、创意发想（Ideate）、打造原型（Prototype）和体验测试（Test）共 5 个步骤。

这其中“Empathize”指的是对用户进行研究，采用访谈观察等各种同理心洞察的工具把握客户工作生活实践中的痛点、忧虑与期盼等；“Define”则是在洞察用户的基础上，对其为满足的需求予以明确界定；“Ideate”是对如何满足已界定的用户需求开展创新性的探索，产生众多的创意点子并进行筛选凝练；“Prototype”则是对精选出的创意点子进行开发，从简单到精细地客户创意点子，快速迭代实现产品和解决方案的开发；最后的“Test”则强调的是把开发出的产品或解决方案原型不断地送到用户情景，听取用户的反馈意见并不断优化，直到达到用户满意为止（见图 1-2）。

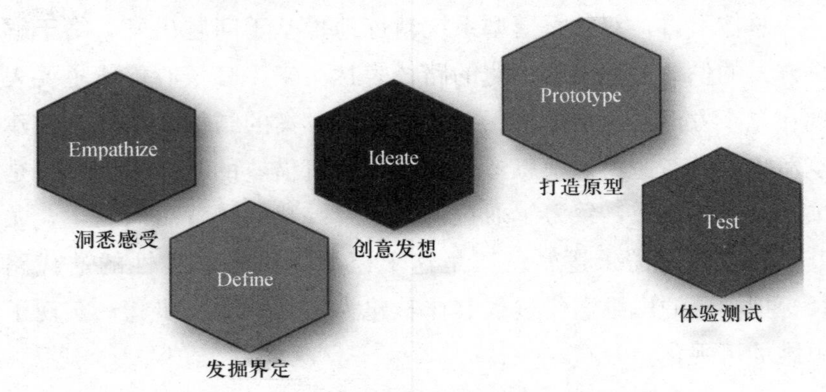

图 1-2　斯坦福大学设计思维 5 步骤

本书将主要基于这 5 个步骤，结合创新创业理论实践要求对设计思维创新方法论的理念、流程与工具方法进行详细的介绍。

四、设计思维的特征

设计思维已经发展成为一套科学系统的创新方法论，在创新实践过程中主要表现出以下特征。

（一）人本主义与用户中心理念

设计思维创新的核心精神是人本主义原理，强调将人放回故事的中心，将人放在首位，追求以人为本的设计，因此也叫作以用户为中心的设计（User-Centered Design），坚持解决问题要从人的需求出发，多角度地寻求创新解决方案，并创造更多的可能性。

设计思维创新作为一套以人为本的解决问题的方法论，传承以人为本的精神，深入洞察消费者和市场需求，充分发挥设计者的识别力和方法来满足人们的需求，并采用技术上和商业上都可行的手段转化为客户价值和市场机会。

（二）解决问题的目标导向

（1）设计思维创新总是从问题出发，具有明确的目标，因此也可以说是一个发现问题解决问题的过程。这些问题可以有多重来源，诸如社会领域的挑战和问题、公司战略安排、市场需求错位等，并借由对实际问题的深入洞察探索解决方案。

（2）设计思维创新根据自身限制对问题本质不断推演。比如，福特汽车的创始人福特先生曾经提到：在问用户想要什么的时候，他得到的答案是一匹快马，如果他做了，那么福特公司可能只是一个马场。但是其实人们不需要快马，只是想快速移动，因此问题的本质就发生了根本性的变化，汽车或者其他可能的途径就成为新的解决方案。这便是对问题本质的不断推演。另外一种情况是连带问题的定位问题，比如我们用电动汽车解决了碳排放的问题，但是生产锂电池的时候却带来了河流污染，这就使得我们在解决一个问题的时候，连带产生了一个新问题，有的时候我们需要对问题重新定位。

因此，设计思维创新从问题出发，厘清待解决的问题，始终关注目标，直至提出符合乃至超越用户需求的产品或解决方案为止。

（三）快速迭代以满足用户需求

基于用户需求的复杂性和多样性，为使得成本更低、风险更小且效率更高，设计思维创新选择通过快速设计原型及反复测试来寻找有效解决方案。也就是说在经过洞察客户需求、创意设计与开发后，将概念、创意或解决方案通过快速构建原型的方式，呈现到最终用户场景。

在用户场景中，创新实践者通过自身演示、用户体验等方法，贯彻其应用行为，询问其应用体验并征求反馈意见。在征求用户反馈意见并持续优化的基础上，设计思维创新还会借助商业模式画布等工具，广泛征求并分析各利益相关方的影响，整个过程会全面考虑人文价值、技术可行性和商业可能性，以期到达真正有效的商业创新。

（四）结构化思维与工具的集成

设计思维创新广泛吸收各类结构化的思维和创新工具。结构化思维工具包括同理心地图、POV、HMW、思维导图等；创新工具包括九宫格、卡诺分析、头脑风暴等。在实际创新催化过程中，有经验的创新催化师还会广泛使用各类团队共创的工具，以提升团队士气和激发团队创造力。

（五）发散与收敛的非线性逻辑

设计思维创新方法论着力解决的都是一些复杂性的问题，因此存在问题的边界难以被界定，用户需求难以清晰表达等挑战，因此其基本流程并不是死板地固守 5 个基本线性步骤。实践中，设计思维创新更多地推动人们的思维在发散与收敛两者之中不断地震荡迭代。

设计思维创新是一个思维发散与收缩过程多次迭代的过程。人的大脑构造决定了我们不擅长同时发散与收缩，头脑风暴时我们会被规定不许评判他人的方案，在某种程度上也是为了遵守这一原理。设计思维创新离不开发散与收缩。在用户研究、收集数据和二手资料收集阶段，需要收集尽可能全面的信息，发散思维是极为必要的；在对数据的整理和分析过程中，需要提取关键信息，摒弃掉无关信息，以找到并定义真实的问题，所以要运用收敛思维；在对问题寻求解决方案的过程中，又需征求各方建议，尽可能多地探索可能性，发散思维又一次派上用场；而在打造原型的过程中，既需要充分发挥创造性，又需要集中，因此可以说是发散思维和收敛思维并存；最后的用户体验测试则是要根据用户反馈，进行方案的凝练与收缩，以筛选出最合适的解决方案。

在创新实践中设计思维创新往往是一个非线性重复的过程，允许和推崇多次否定与迭代，则正是设计思维创新能够洞察用户需求、快速迭代创新、确保组织获得竞争优势的魅力所在。

（六）系统性整合过程

设计思维创新作为一个创意与设计的方法论，为各种议题寻求创新解决方案，并创造更多的可能性，需要创新者从不同的角度去看这个世界，用过去不知道的方法来思考问题，强调突破性和颠覆性创新思维模式。

因此，当我们谈到创新或者设计的时候，任何的思考都不能单独关注创新或者设计本身，我们要观察涉及这个创新的整个生态系统（Ecosystem）。例如：设计医疗器械的时候，我们不能单独考虑用户的需求，还需要考虑诸多利益相关者的元素，包括忙碌的医生、患者的心情、医院的空间、其余器械的情况、设备的生产者、政府的医疗保险等，这些因素都需要考虑在我们创新的范围内，应该把这个产品和它周围的系统一同纳入考虑范围。

（七）教练引导跨领域团队共创

在设计思维创新实践中，来自不同专业领域的力量是必不可少的。因此，除了在组建创新团队时必须吸收不同领域的参与者，在创新推进过程中提升团队成员时期，激发团队成员的创造力更是核心的工作之一。

团队管理和激励的理论成果和实践方法较为丰富，有经验的创新催化师会积极地将这些工具方法灵活地嵌入到设计思维创新实践过程中。在不同的阶段，可以采用相应的工具方法。比如，在用户研究阶段，创新催化师可以提供工作坊的模式与思路，帮助创新实践者扩展视野，教会其使用欣赏式探询（4D 模型）、焦点讨论法（ORID）等沟通交流方法；在数据整理和问题界定阶段，采用世界咖啡、漫游挂图等团队交流方法；在创意发想阶段，可以引入脑力激写、冥想等方法；在原型打造的阶段，可以在选用各种模型制作手段的同时，辅助采用一些即兴表演、角色扮演等方法。

这些团队共创方法的目的在于提升创新团队成员的参与度和士气，激发起灵感和创造力，最终提升创新成果的质量。

【扩展阅读】英国工业设计委员会

英国工业设计委员会（简称为英国设计委员会）由温斯顿·丘吉尔（Winston Churchill）的战时政府于 1944 年 12 月成立，彼时成立的目的是支持英国的经济复苏，所以工业设计委员会的创始宗旨是“通过一切切实可行的方式，促进英国工业产品设计的改进”。

经历了几十年的发展演化，英国设计委员会的宗旨和活动不断发展，以满足当今的经济和社会需求。从早期专注于在战后提升英国的工业设计标准到目前应对复杂的社会经济挑战的工作，到持续支持设计及其让每个人的生活更美好的能力。2011 年，英国设计委员会和建筑与建筑环境委员会（CABE）合并，扩大了委员会的职责范围，将设计纳入建筑环境，以及帮助塑造更健康、更具包容性的场所的能力。

英国设计委员会的宗旨是通过设计让生活更美好，以过去的成功为基础，改善今天的生活，帮助迎接明天的挑战，旨在利用设计工具和技术激发新的思维方式，鼓励公众辩论并为政府政策提供信息。委员会为从基层组织到政府机构提供计划，催生世界一流的研究成果并影响政策决策。其视野和课程涵盖建筑环境、公共部门设计和社会创新及商业创新。

英国设计委员会自身定位为一家独立的慈善机构，也是政府的设计顾问。这个世界中，设计的作用和价值被认为是价值的基本创造者，为所有人创造更快乐、更健康和更安全的生活。通过设计的力量，制造更好的工艺、更好的产品、更好的场所，所有这些都会带来更好的性能。与其他方（政府、公共机构、慈善机构、基金会和企业）合作，打造公平和包容的氛围解决棘手的问题，在经济、社会和环境挑战中取得持久成果。

【扩展阅读】国际设计思考学会

国际设计思考学会（International Society for Design Thinking）由设计思考大师和资深工业设计专家史蒂芬、米拉米德（Stephen Melamed）教授于2016年创办。目前，国际设计思考学会已经吸引了来自伊利诺斯大学建筑与设计艺术学院，斯坦福大学d.school，浙江大学科技创业中心(ZTVP)，清华大学技术创新研究中心、德国慕尼黑LMU创新管理研究所和以色列，以及中国台湾地区的多位设计思考专家们。学会创立的愿景是建立一个供人们学习、分享和实践设计思考方法的平台。学会不仅致力于传播设计思考的理论和方法，还率先在全球推出了设计思考的培训与认证体系。

保持以人为本的初心，并围绕提升人们生活质量而进行人性化设计，通过建立和推行设计思考理论及方法，国际设计思考学会希望能协助企业和高校设计出更多让温暖社会，实现洞悉人性需求的产品与服务。

第二章　创新创业实践

一、创新创业实践概述

（一）创新创业战略

1. 创意、创新与创业

• 创意

创意是创造意识或创新意识的简称，亦作“刱意”。它是指对现实存在事物的理解及认知，所衍生出的一种新的抽象思维和行为潜能。我国古代不乏仁人志士对创意进行分析和探讨。汉王充《论衡·超奇》中有：“孔子得史记以做《春秋》，及其立义创意，褒贬赏诛，不复因史记者，眇思自出於胸中也”之说。宋朝程大昌《演繁露·纳粟拜爵》提到：“秦始皇四年，令民纳粟千石，拜爵一级，按此即鼌错之所祖效，非错刱意也。”王国维《人间词话》三三：“美成深远之致不及欧秦，唯言情体物，穷极工巧，故不失为第一流之作者。但恨创调之才多，创意之才少耳。”郭沫若《鼎》：“文学家在自己的作品的创意和风格上，应该充分地表现出自己的个性。”

从生理和心理的角度讲，创意产生的过程是人类在复杂色社会生活过程中，在特定的外部环境条件和自身内部因素的多重影响因素作用下，经过大脑进行复杂的、创造性的生理或心理活动，所产生对客观世界现在或将来的一种构思、构造和意识。简单地说，创意是一种通过创新思维意识，从而进一步挖掘和激活资源组合方式进而提升资源价值的方法。

• 创新

创新这个词最早起源于拉丁语，包含有更新、创造新的东西、改变三层含义。从过程角度上讲，创新是以新思维、新发明和新描述为特征的一种概念化过程。从人类思维的角度讲，创新是指以现有的思维模式提出有别于常规或常人思路的见解为导向，利用现有的知识和物质，在特定的环境中，本着理想化需要或为满足社会需求，而改进或创造新的事物、方法、元素、路径、环境，并能获得一定有益效果的行为。由此可见，创新是一种复杂的社会化实践活动和过程，必然由大量的创意活动构成。创新有多种分类方式，根据创新的结果大小，可以分为颠覆式创新和渐进式创新两种。

著名创新学者熊彼特（Joseph Schumpeter）认为所谓创新就是要“建立一种新的生产函数”，即“生产要素的重新组合”，并阐述了创造性破坏理论，也即颠覆式创新的概念。颠覆式创新是指在传统创新、破坏式创新和微创新的基础之上，由量变导致质变，从逐渐改变到最终实现颠覆，通过创新，实现从原有的模式，完全蜕变为一种全新的模式和全新的价值链。颠覆式创新有两个颠覆式的思路：一个是低端颠覆；另外一个是新市场颠覆，产生一个新的市场空间，这个市场空间以前并不存在，而这个市场空间的性能纬度不同于传统的性能纬度。企业常常以颠覆式创新的方式突破瓶颈或是获得新发展。而打破固有格局，具备颠覆创新能力的公司需具备三大核心要素，分别为强大的核心资源能力、创新的盈利模式及高效的服务吸引力。

渐进式创新是指通过不断的、渐进的、连续的小创新，最后实现管理创新的目的。比如，针对现有产品的元件做细微的改变，强化并补充现有产品设计的功能，至于产品架构及元件的连接则不做改变。所以通俗地讲，渐进式创新就不会改变事物的本质，是在原事物保持属性的不变的情况下，对其呈现形式、结构、关联方式等所做的改变。所以亦可以简单地说，颠覆式创新属于质变，渐进式创新属于量变的范畴。

• 创业

众多学者对于创业基于不同角度给了多种定义，科尔（Cole）（1965）提出，把创业定义为：发起、维持和发展以利润为导向的企业的有目的性的行为；杰夫里·提蒙斯（Jeffry Timmons）所著的创业教育领域的经典教科书《创业创造》（New Venture Creation）中把创业定义为：是一种思考、推理结合运气的行为方式，它为运气带来的机会所驱动，需要在方法上全盘考虑并拥有和谐的领导能力。创业是创业者对自己拥有的资源或通过努力对能够拥有的资源进行优化整合，从而创造出更大经济或社会价值的过程。创业是一种劳动方式，是一种需要创业者运营、组织、运用服务、技术，以及器物作业的思考、推理和判断的行为。

一般意义上讲，创业是一个人发现了一个商机并加以实际行动转化为具体的社会形态，获得利益，实现价值。创业作为一个商业领域，以点滴成就点滴喜悦致力于理解创造新事物（新产品、新市场、新生产过程或原材料，组织现有技术的新方法）的机会，如何出现并被特定个体发现或创造、如何运用各种方法去利用和开发它们，然后产生各种结果。

2. 国家双创战略

我国历届领导人都极为重视创新。毛泽东同志是勇于创新的光辉典范，他领导的中国革命和建设实践本身就是一个前无古人的艰辛探索与创新；江泽民同志曾反复强调创新是一个民族进步的灵魂，是一个国家兴旺发达不竭的动力；胡锦涛同志在2007年中国共产党第十七次全国代表大会所做的报告中明确指出："提高自主创新能力，建设创新型国家，是国家发展战略的核心，是提高综合国力的关键。”

在习近平同志对我国经济新常态的理论指导下，新一届领导班子将创新创业战略上升为国家战略并持续推动。近5年来，我国政府领导人在不同场合持续不断地阐述创新创业理念，逐渐将双创战略提升为国家战略并推进实施（见表2-1）。国务院先后部署20多份政策文件，国家发改委、科技部、教育部、工信部等部委积极落实中央战略政策，并组织开展科研、创新等主题活动，带动全国各省市的创新创业活动蓬勃发展。

表2-1　我国创新创业战略的发展

时间	2013年10月	2014年	2015年3月	2016年3月
来源	国务院常务会议	达沃斯论坛	政府工作报告	政府工作报告
阶段	阐释创新战略观点	形成创新战略理念	上升到国家战略	战略持续推进
内容	调动社会资本力量，促进小微企业特别是创新型企业成长，带动就业，推动新兴生产力发展	掀起一个“大众创业”“草根创业”的新浪潮；形成“万众创新”“人人创新”的新形态	“大众创业、万众创新”上升到国家经济发展的新引擎。国家双创战略形成	落实“互联网+”行动，发挥大众创业、万众创新和“互联网+”集众智汇众力的乘数效应

这其中，2015年3月，李克强总理在政府工作报告中首次将“大众创业、万众创新”上升到国家战略高度。这一战略把创新和创业两种活动融合在一起，体现的是我国对创新活动的较高层面的认知，两者本身密不可分，互为条件。我国的双创战略是主动适应全球化和世界范围内颠覆性技术创新主导的历史阶段、在转变经济发展方式的“新常态”下持续提升国家竞争力的国家战略安排，对推动国家经济建设、科技发展及深化教育改革都起着关键指导作用。

（二）创新创业活动

1. 高等院校创新创业活动

一直以来，高等院校创新创业实践和理论研究以欧美国家为引领，最具典型的就是斯坦福大学与硅谷的创新生态体系。我国高等院校创新创业实践相对欧美知名高校还处于探索阶段，主要包括两个方面：一方面，产学研有机结合是很多科研机构、高等院校和企业的重点工作之一，高等院校内的科学研究、技术创新、成果转化一直是典型的创新创业活动，不少高校也存在校办产业，甚至有不少非常成功的企业走向市场竞争，诸如清华同方、北大方正、大连东软等。另一方面，不少高等院校的科研管理、学生就业管理、团委及教务管理等部门也存在不同程度的学生就业推动动机下的创业孵化工作，在提升学生综合素质、满足特定学生需求的基础上也改善了就业，甚至也有不少成功的学生创业成功的典型代表。

在我国大力推动双创战略的背景下，高等院校的产学研合作、学生创新创业实践更是向前深入推进。一个典型的动作就是众多高校在纷纷引入各类创新创业课程的同时，大力建设各种创新创业空间，开展创新创业孵化工作，诸如清华大学的 x-lab、浙江大学的元空间等，也有不少高校专门成立了创新创业学院，统筹组织全校的创新创业孵化工作。另外就是在国家各级管理机构和组织的牵头下，全国上下开展了多种层次的创新创业大赛，牵引和推动了数量众多的学生创新创业项目。

在高等院校的创新创业实践中，理论指导和实践工具往往也是较为关键的一环，采用了包括百森商学院的创业课程体系、国际劳工组织的 KAB 项目体系的方法论和工具，既体现在课程模块里，更体现在实际创新创业实践孵化工作中。

2. 企业内部创新创业活动

企业内部创新创业一直是企业新业务增长点的关键源泉，也为企业一直所颇为重视。进入21世纪，企业内各个领域的创新都在很大程度上影响着企业绩效，包括商业模式创新、管理方法创新、制度创新、科学技术创新等，甚至可能会决定着企业的命运。

实践证明，世界范围内富有竞争力的知名高科技公司无一不是持续推动内部创新创业的典范。众所周知，美国企业尤其是硅谷的企业非常崇尚内部创新创业，典型的如苹果、谷歌、摩托罗拉、高通等公司等，通过提升内部容错率，激发内部潜力，持续催生出众多的新科技、新产品。我国的企业如阿里内部孵化出蚂蚁金服、支付宝、阿里云等众多新产品与公司；腾讯也是孵化出了诸如QQ、微信、腾讯视频、腾讯游戏等众多产品和公司；海尔内部甚至孵化出了雷神游戏公司；其他诸如华为、诺基亚、西门子、三星、空中客车、波音等跨国公司的辉煌与沉浮，在很大程度上取决于能否持续发挥创新创业的精神。可以说内部创新创业，影响着公司的活力，甚至会决定着公司的命运。

也正是因为如此，高科技公司大都极为重视创新创业的理论学习与实践工具的引入。典型的创新方法论体系比如设计思维、TRIZ等都是他们不可或缺的工具。无论是文献研究，还是来自于包括网络在内的各种媒体的信息、行业信息等都能反映出高科技公司在创新方法论和工具上的孜孜追求。

（三）创新创业教育与培训

1. 高校创新创业教育

在国家创新创业战略和教育部等各级机构的指导下，全国各类高等院校在理论教学、实践教学、学生就业创业等工作中都大力推进创新创业教育与实践，取得了长足的进步。如同前文所讲，我国早些时候的创新创业教育多是引入国外的理论课程与实践工具，包括百森商学院、国际劳工组织及其他欧美发达国家的理论成果，很大程度上属于对西方创新创业理论的学习和吸收。

整体上讲，我国高校创新创业教育理论性强，实践性偏弱。一是传统创新创业教育模式多采用理论教育、实践课堂和挑战赛等形式开展，课程设计广泛“翻版”与“移植”（何星舟，2014），存在理论体系不完善，课程设置不严谨，与专业教育课程体系相脱节（倪晶晶，2016）等问题，使得创新课程很难融入整体课程体系；二是传统教育模式创新性、趣味性、实用性的不足使得学生参与度不高，为规避这些不足，有实践和研究尝试将引导技术、体验式培训（吴永和等，2017）、VR 和 AR 技术（王德宇等，2016）及 3D 打印技术等融合到创新教育中，但相关实践和理论研究缺乏系统的体系而呈碎片化；三是课程内容与创意开发和创新管理真实情景存在距离，教学内容对真实的创新链条反映性不足，实践性欠缺。

在我国创新创业教育持续深入推进，尤其是学生就业和创业需要不断拓宽边界，提升大学生就业质量、激发青年学子潜力及丰富其职业生涯发展路径。当下，随着我国各种经济成分的协同发展，中小微企业的经济贡献不断提升，众多年轻学子也都选择创业或者接手家族企业。因此，这些职场新秀都既需要有一定的理论水平，也需要卓有成效的创新创业实践工具作为关键技能。

2. 社会化创新创业培训

社会化的创新创业培训一直是包括企业在内的各种组织获取知识的快捷途径之一。社会化创新创业培训服务的提供者包括高等院校、私立专业培训机构、综合性专业咨询培训公司，以及一大批非常具有活力的小微企业。

社会化培训机构所提供的产品和服务方式也是多样的。概括来讲，主要包括学术研讨、理论培训、专业技能、咨询服务等。内容上，社会化培训机构也在不断调整优化以满足市场需要，主要包括德鲁克创业体系、百森商学院创业课程体系、TRIZ 方法论体系，以及 SIT 方法论体系、设计思维创新方法论体系、精益创新与创业体系等。

随着社会的发展和人民生活水平的提高，企业需要更懂用户，提供更能紧密联系消费者生活实际、满足用户深层次心理需求的产品和服务。这就要求创新创业实践及教育培训向纵深发展，要求理论和方法能够更好地帮助开发者把握用户心理行为，而且能够更为快捷高效。设计思维创新方法论则是这当中最为典型的一个选择。

二、设计思维与创新创业

（一）创新与创新思维

1. 左右脑思维

不少生理学家、脑科学家、生物学家的研究已经证实，人类大脑呈左右半球对称分布的结构，但是左右脑的分工和职能是存在较大差别的。

美国心理生物学家斯佩里（Roger Wolcott Sperry）通过著名的割裂脑实验，证实了大脑不对称性的“左右脑分工理论”，并因此荣获 1981 年诺贝尔生理学或医学奖。其通过一系列的实验证实，正常人的大脑有两个半球，由胼胝体连接沟通，构成一个完整的统一体。在正常的情况下，大脑是作为一个整体来工作的，来自外界的信息，经胼胝体传递，左、右两个半球的信息可在瞬间进行交流（每秒 10 亿位元），人的每种活动都是两半球信息交换和综合的结果。大脑两半球在机能上有分工，左半球感受并控制右边的身体，右半球感受并控制左边的身体。

研究证明，人的左半脑主要负责逻辑理解、逻辑、记忆、时间、语言、判断、排列、分类、分析、书写、推理、五感（视、听、嗅、触、味觉）等，相应地思维方式具有连续性、延续性和分析性。所以人们又习惯于把左脑称作“理性脑”“意识脑”“学术脑”“语言脑”。相对于左脑的功能而言，右半脑主要负责音乐、律动、美术、空间形象记忆、直觉、情感、身体协调、视知觉、想象、灵感、顿悟等，思维方式具有无序性、跳跃性、直觉性等（见图 2-1）。

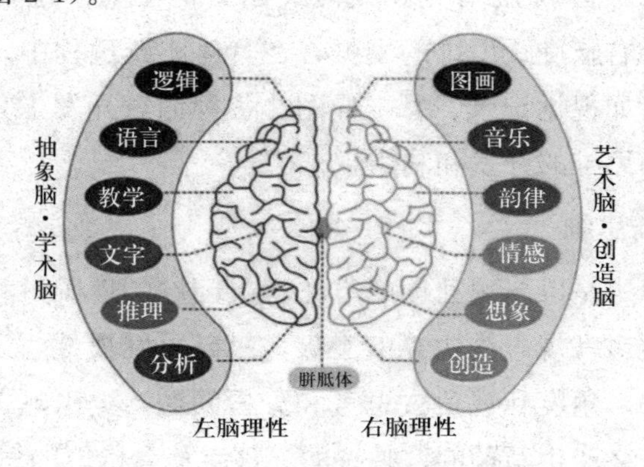

图 2-1　人类左右脑功能分布

斯佩里通过进一步的实验研究和分析发现，右脑具有图像化机能，如企划力、创造力、想象力；超高速自动演算机能，如心算、数学；超高速大量记忆，如速读、记忆力；与宇宙共振共鸣机能，如第六感、透视力、直觉力、灵感、梦境等。右脑像万能博士，善于找出多种解决问题的办法，许多高级思维功能取决于右脑。把右脑潜力充分挖掘出来，才能表现出人类无穷的创造才能。所以右脑又可以称作“本能脑”“潜意识脑”“创造脑”“音乐脑”“艺术脑”。

长期以来，我国从小学、中学到大学的教育都更为偏重左脑的开发，也就是说更重视理性思维的开发与挖掘，也一度有口号“学好数理化，走遍天下都不怕”，足见人们对理性思维的重视。但正如研究所表明，右脑对应的是感性思维、跳跃思维，对右脑思维开发重视不够，会使得人类智力开发不足，主要表现在难以充分挖掘创造性。我国在进入21世纪后，对右脑思维培养愈来愈重视，强化素质教育就是一个典型的举措。但是不得不承认的是，由于升学竞争压力和优秀教育资源长时间相对短缺现象的存在，中学和家长们仍然更为重视学生的理性思维培养。

设计思维创新强调实现颠覆式创新，在基于逻辑思维的同时，更重视右脑跳跃思维的发掘，在具体实践过程中，所采用的工具方法诸如视觉记录、思维导图、各种创意开发工具等，都非常偏向右脑思维的开发和利用。

2. 创新思维

创新思维是以新颖独创的方法解决问题的思维过程，通过创新思维实现对常规思维边界的突破，打破思维惯性，采用不同于常规的方法、角度和视角去思考和分析问题，提出颠覆以往的解决方案，最终产生新颖的、独特的、富有社会价值的思维成果。

在思维实践中，创新思维有着其固有的原理、规律、原则、具体思维模式和方法。从根源上讲，思维是人脑的机能，是人生理、心理活动的过程，所以从思维物质载体的角度来说，掌握人类思维活动的原理和规律是提升创新思维能力的基础。当然，促进创新思维也要遵循一定的原则，学会并运用科学的思维模式与方法。人们已经理解并掌握了诸如发散、逻辑、收敛、想象、联想、直觉、灵感和幻想等各种可以催生创始思维的方法。

设计思维创新方法论遵循了科学的生理、心理学原理和规律，融汇了自然和社会科学诸领域的理论研究成果和实践经验，吸收和借鉴了诸多高效率的创新思维工具和方法，形成了一整套系统、科学规范的方法论，被广泛应用到创意开发、创新与创业活动实践中。

（二）设计思维应用范围

如前文所述，基于理论基础与核心内容，设计思维作为一种创新方法论主要用于产品和服务的创新性开发，具体来说，可以概括为以下三个方面。

1. 创意开发与创新活动

设计思维最大限度地站在客户的角度考虑问题，以发掘洞见客户的潜在需求为基础，通过采取各种科学合理的方法和手段推进卓越创意的产生和高水平的创新，其目标是开发出真正符合消费者需求的、极富竞争力的产品和服务。众多公司被设计思维的这一特征所吸引，纷纷引进其理念、原则与方法。

随着设计思维创新的不断深入发展，已扩散到社会商业各个领域，被广泛应用到组织战略创新、产品开发与创意设计、服务设计等诸多领域的创意开发与创新活动中。这些活动，更多的是企业基于业务开发所进行的产品开发和解决方案的创新孵化工作。通过采用设计思维创新方法论，催生出具有独特创新价值，满足用户深层次需求的产品，以提升企业在市场上的竞争力。

2. 学校创新创业教育

创新精神和能力是学校教育的核心目标之一，我国自 2015 年推进实施创新创业战略以来，各大高校、中小学都纷纷引入各种创新课程。设计思维创新作为一个系统的方法，本身就发源于知名高校斯坦福大学，而且在美国、英国、德国等欧美国家的高校所广为采用，作为学生的必修课程。在我国，也顺理成章成为众多教育结构的必选。

中小学引入设计思维创新教育，可以通过各种创新活动激发和培养学生的创新精神、团队合作精神和动手能力，全面提升青少年的思维能力和综合素质。高等院校引入设计思维创新课程，尤其是如果能配备相应的创新实验室，则更为青年学子参与创新创业实践，全面提升创新创业精神、冒险精神、团队合作能力与领导能力提供了物理空间，也有助于将理论成果转化为商业产出。美国斯坦福大学 d. school 的设计思维创新活动就为硅谷催生了众多成功的公司。

（三）设计思维创新创业训练

1. 设计思维的“创”本质

从设计思维这一创新方法论的理论基础与核心内容可以看出，其天然就是创新创业的方法论和根本原则，其理念和流程拥有显著的“创”本质。

• 创意、创新、创造、创业

设计思维创新以问题为导向，追求深度理解洞察用户心理并定义核心需求，在此基础上发挥跨界合作，催生新颖的创意。而创意能否实现，既要考率创意方案在技术上是否可以，还要考虑在商业上是否可行，实现人、科技、商业三方面的成功才能成为有现实意义的创新。正如 IDEO 公司总裁蒂姆·布朗所说：“设计思维是以人为本的、利用设计师的敏感性及设计方法，在满足技术可实现性和商业可行性的前提下来满足人的需求的设计精神与方法。”因此，设计思维创新提供了实用性（Desirability）、技术可行性（Feasibility）与商业可行性（Viability）三维一体的产品或服务品质，保证了创意是因需求而生、技术可以实现、商业现实可行的创新产品。在打造原型并进行创意呈现的环节，设计思维创新这一方法论还追求从低保真原型持续优化为能够被消费者满意的高保真产品原型，在某种程度上就是一件成品，为客户创造崭新体验并能够创造复购。

所有这些设计思维创新活动的创意、创新与创造属性，为创业活动成功提供了有力支撑，实际上设计思维在其各环节上也充分考虑了诸如目标用户、市场细分、广告渠道等多个方面的因素，尤其是在后期的测试反馈环节，也往往要进行商业模式的分析。这些都为后期产品走向市场，获得创业成功奠定了坚实的基础。

• 团队共创

设计思维创新过程，本身就是个团队共创的过程。

(1) 设计思维强调团队成员来自于不同领域，实现跨界沟通与交流。团队成员成立之初，往往会考虑团队成员的结构问题，包括专业领域结构、年龄结构、性别结构、性格结构等都需要遵循一定的原则，国内外学者也有不少相应的研究成果。其根本目的是为了促进团队成员能够团结协作，互相促进，挖掘潜能，避免产生不利于团队合作的冲突等。此后在整个创新过程中，都需要团队成员既要充分挖掘自身潜力，贡献自己的力量，也要持续与团队成员碰撞思想，激发灵感以促发更多的创意。团队成员过于同质化，或者差异过大都不利于团队的合作共创。

(2) 创新教练（也称主持人、导师、引导者等）的主要职责就是在创新过程中，持续不断优化团队成员结构，给团队成员赋能，提供知识支持和方法指导。创新教练的职能可以简单地概括为三个方面：一是知识的传递者，也就是教师的作用，带给团队成员有关创新领域、设计思维创新理论与流程等必要的知识输入；二是过程的提供者，主要是指提供给团队成员科学规范的流程和步骤，起到穿针引线的作用，防止出现理解错误或者流程走偏；三是创新教练需要持续构建一个充满安全感、信任感而且轻松活泼的工作软环境，给予团队成员全力以赴释放创新潜能的背景。

• 价值创新

设计思维重点强调“以人为本、以用户为中心”的理念，为客户提供创新价值，所以实现价值创新可以说是设计思维创新的灵魂所在。在创新实践中，不管创新的过程依据的是什么样的模型、流程工具，都会以人本主义心理学为基础原则，追求洞察用户的痛点与渴望，帮助用户达成任务目标或者说是需求，以消除用户痛点与担忧、实现用户充分满意甚至达成惊喜为目标，简单地说，就是实现用户价值创新。

2. **系统集成的方法论**

• 结构化的非线性流程

众所周知，设计思维创新方法论的诞生即是为了解决复杂的社会问题。而传统的线性思维容易直接陷入问题的陷阱中，或者难以充分洞察问题所涉及的各利益相关方的需求，更谈不上去满足相关需求，因此更遑论复杂问题的解决。而设计思维尽管提供了可以参考的问题解决流程和步骤，但并不是死板或者线性的，而是为每一个环节、每一个单元都提供可选的若干工具，并且允许所有的步骤都可以进行跳跃迭代，在任何一个环节发现问题或缺陷，都可以到此前或者此后的环节中去寻求更正或者优化。

在经过包括斯坦福大学和波茨坦大学等知名高校，以及包括IDEO公司在内的专业咨询培训公司、数量众多的各类创新创业专业机构的共同努力，尤其是众多学者、实践家及经营管理人员的持续研究与实践，设计思维创新方法论在快速发展，不仅是在理论上，在实践手段和方法上也在不断推陈出新，其结构化的非线性流程不断得以完善和创新发展。

• 跨学科领域的工具集合

设计思维创新方法论融合了社会科学、自然科学多领域的理论成果与工具方法，尤其是心理学、行为科学、统计学、工程科学等领域的工具。伴随着社会的发展和应用范围的扩大，设计思维创新方法论不断向社会各领域深入推进。也促使设计思维创新方法论的理论成果与实践工具的进一步发展与丰富。

设计思维创新方法论的发展一方面表现在理论研究成果不断涌现，主要是以欧美学者尤其是斯坦福大学、波茨坦大学的学者为引领，在吸收社会科学各领域的理论精要的同时，不断在心理学、组织行为学、管理学等社会科学领域探索方法论的理论基础，并不断研究领域推出丰硕的成果，并有不少在创新创业、企业成长、人工智能等多领域的应用成果中进行探讨。另一方面的发展表现在设计思维创新方法论在指导创新实践过程中，不断吸收融合社会科学及自然科学各领域的工具方法，尤其是心理学、统计学、技术创新科学等新的工具方法的不断引入。

3. 设计思维创新创业训练应用

如前文所述，在创新创业的战略大背景下，不论是高等院校的创新创业理论实践教学、社会教育培训机构的咨询与培训，还是企业内部创新创业实践，设计思维创新方法论都是一个天然必不可少的理论依据和工具库。设计思维创新的坚实理论基础及不断推出的理论研究成果为相关应用提供了科学依据，其整合吸收各领域工具方法为具体应用提供了高效便捷的手段，提升工作效率。

本书正是基于推广设计思维在创新创业活动中的深度应用的目的而设计，以期有助于当前如火如荼的创新创业活动，提高创新创业的成功率，为推进社会的发展和进步尽一份绵薄之力。我们在书中，会精炼地介绍一些理论成果，进而提供相应的备选工具方法，以帮助使用者既能补充完善自身的创新创业理论体系，做到有理可循，又能掌握实用的工具方法，做到胸有成竹。我们也尽量把当下比较成熟的理论成果和工具方法在本书中予以呈现，并尽可能地提供一些较为前沿的边缘理论成果和工具方法，以帮助使用者拓展视野。

【扩展阅读】STEM 教育

STEM 教育一词是于 20 世纪 90 年代，STEM 是科学(Science)、技术（Technology)、工程（Engineering)、数学（Mathematics）四门学科英文首字母的缩写，是科学、技术、工程和数学教育的总称，源于美国对保持本国领先竞争力的担忧，由美国国家科学基金会（ National Science

Foundation）提出的宏大教育计划。目前，STEM 常泛指任何与四个学科之一有关的活动、政策、项目及实践等。

美国 STEM 的发展历史：

• 1986 年美国国家科学委员会发表《本科的科学、数学和工程教育》报告。

• 2006 年 1 月 31 日，美国总统布什在其国情咨文中公布一项重要计划——《美国竞争力计划》（American Competitiveness Initiative，ACI），提出知识经济时代教育目标之一是培养具有 STEM 素养的人才，并称其为全球竞争力的关键。由此，美国在 STEM 教育方面不断加大投入，鼓励学生主修科学、技术、工程和数学，培养其科技理工素养。

• 2009 年 1 月 11 日，美国国家科学委员会（National Science Board）发布致美国当选总统奥巴马的一封公开信，其主题是《改善所有美国学生的科学、技术、工程和数学（简称 STEM 教育）》，其明确指出：国家的经济繁荣和安全要求美国保持科学和技术的世界领先和指导地位。大学前的 STEM 教育是建立领导地位的基础，而且应当是国家最重要的任务之一。委员会督促新政府抓住这个特殊的历史时刻，并动员全国力量支持所有的美国学生发展高水平的 STEM 知识和技能。

• 2011 年，奥巴马总统推出了旨在确保经济增长与繁荣的新版的《美国创新战略》。新版的《美国创新战略》指出，美国未来的经济增长和国际竞争力取决于其创新能力。“创新教育运动”指引着公共和私营部门联合，以加强科学、技术、工程和数学（STEM）教育。

• 由美国技术教育协会主办的73届国际技术教育大会于2011年3月24—26日在美国明尼苏达州明尼阿波利斯市举行。会议主题为“准备STEM劳动力：为了下一代”。

• 2016年9月14日，美国研究所与美国教育部综合了研讨会与会学者对STEM未来十年的发展愿景与建议，联合发布：《教育中的创新愿景》（STEM 2026：A Vision for Innovation in STEM Education）。旨在推进STEM教育创新方面的研究和发展，并为之提供坚实依据。该报告提出了六个愿景，力求在实践社区、活动设计、教育经验、学习空间、学习测量、社会文化环境方面促进STEM教育的发展，以确保各年龄阶段及各类型的学习者都能享有优质的STEM学习体验，解决STEM教育公平问题，进而保持美国的竞争力。

• 美国政府近年来加大了对从小学到大学各个层次的STEM教育的支持力度，推出教育基金，鼓励各州改善STEM教育，加大对基础教育阶段理工科教师的培养和培训。政府还要求科学家多去学校演讲和参与课外活动，以激发年轻人对科学知识的兴趣。

由上述介绍不难看出，STEM教育是一种由科学、技术、工程、数学结合跨学科的综合教育。STEM教育重点是加强对学生四个方面的培养：一是科学素养，即运用科学知识（如物理、化学、生物科学和地球空间科学）理解自然界并参与影响自然界的过程；二是技术素养，也就是使用、管理、理解和评价技术的能力；三是工程素养，即对技术工程设计与开发过程的理解；四是数学素养，也就是学生发现、表达、解释和解决多种情境下的数学问题的能力。

我国一直有重视理工教育的传统，比如传统的俗语“学好数理化、走遍天下都不怕”就反映民众的认知。但是长期以来，限于经济发展水平和教育实力的差距，我国的STEM教育处于远远落后于欧美国家的态势。随着我国经济水平的提高，我们也在大力加强STEM教育方面的政策支持与教育投入。2016年在教育部出台的《教育信息化“十三五”规划》中明确指出有效利用信息技术推进“众创空间”建设，探索STEM教育、创客教育等新教育模式，使学生具有较强的信息意识与创新意识，养成数字化学习习惯，具备重视信息安全、遵守信息社会伦理道德与法律法规的素养。2016年联合国教科文组织亚太国际教育与价值教育联合会、国际教育荣誉学会及中美国际教育协会等在北京、浙江等地举办STEM＋创新教育论坛活动，特邀30位美国STEM＋创新教育领域的专家，与我国研究者深入交流。

（注：本部分内容根据百度百科及知乎搜索整理而成）

【扩展阅读】斯坦福大学工程学院

斯坦福大学（Stanford University）全称为小利兰·斯坦福大学（简称“斯坦福”），是世界著名私立研究型大学。它位于加利福尼亚州的斯坦福市，临近旧金山。斯坦福大学与旧金山北湾的加州大学伯克利分校共同构成了美国西部的学术中心，并负责运行管理SLAC国家加速器实验室、胡佛研究所等机构。据统计，截至2021年4月，共有84位斯坦福大学的校友、教授及研究人员曾获得诺贝尔奖（世界第七）、29位曾获得图灵奖（世界第一）、8位曾获得过菲尔兹奖（世界第七）。2019—2020年度，斯坦福大学位列泰晤士高等教育世界大学声誉排名第三；2020—2021年度，斯坦福位列 U. S. News 世界大学排名第三、QS 世界大学排名第二、泰晤士高等教育世界大学排名第四、软科世界大学学术排名第二。

斯坦福大学为硅谷的形成和崛起奠定了坚实的基础，培养了众多高科技公司的领导者，其中包括惠普、Google、雅虎、耐克、罗技、Snapchat、美国艺电公司、太阳微、NVIDIA、思科及 LinkedIn 等公司的创办人。此外，斯坦福的校友涵盖 30 名富豪企业家及 17 名 NASA 太空员，亦为培养最多美国国会成员的高等院校之一。根据研究公司 Wealth-X 发布的 2019 年大学超高净值校友排行榜，斯坦福大学名列第二，仅次于哈佛大学。

自斯坦福大学于 1891 年成立以来，工程就是学校教育和研究的核心内容。工程学院（School of Engineering）成立于 1925 年，在这之后的八十几年里斯坦福大学的工程师们进行了无数次的技术革命，促进了加州的技术产业发展，为 800 多家公司的成立提供了帮助。斯坦福大学工程学院下设 9 个部门，有 241 名教职员工和 4000 名学生，学院的学生人数占了斯坦福大学总学生人数的 1/4。学院有 65 个实验室、研究中心及附属项目，其中很大部分融合了多个学科的内容，包括了医学、商业、语言学和物理学等。

近一个世纪以来，斯坦福工程一直处于创新的前沿，创造了改变信息技术、通信、医疗保健、能源、商业等领域的关键技术。学院教师致力于进行开创性的跨学科研究，培养学生以卓越的技术及创造力、文化意识和创业技能毕业。学校的教职工、学生和校友创办了数千家公司，为硅谷奠定了技术和商业基础。今天，学校培养对全球问题产生影响的领导者，并试图定义工程的未来。

工程学院的使命是寻求全球重大问题的解决方案，培养通过工程原理、技术和系统的力量改善世界的领导者。主要目标是：推动好奇心驱动和问题驱动的探索性研究，催生新知识和发明发现，为未来工程系统体系奠定基础；为学生提供世界一流的研究型教育，为学术界、工业界和社会的领导者提供范围广泛的培训；推动技术向硅谷和其他地方转移，让受过良好教育的人们和变革思想推进社会和世界发展。

第三章　创新规划与研究框架

哲人说："凡事预则立，不预则废。"也就说做任何事情要想成功，必须要提前有所准备，所以开展任何工作都需要预先进行规划设计，做好各方面的充足准备，创新创业实践也不例外，设计思维创新方法论更是极为重视前期的规划设计。在创新创业实践中，前期工作是决定整个项目能否成功的基础所在，主要包括创新团队组建、确定创新领域、问题研究框架、拟定创新价值四个方面的内容。

一、创新团队组建

团队成员是创新创业实践活动的核心关键要素，如何组建优秀的团队是第一个重大挑战，决定着创新创业活动的成败与否。我们在将设计思维运用到创新创业实践中时，会在团队组建上借鉴各种科学的方法，做较为灵活的安排，充分考虑创新团队的本质、结构与特征。

（一）创新团队概述

1. 团队的本质

著名管理学专家斯蒂芬·罗宾斯认为：团队就是由两个或者两个以上的，相互作用、相互依赖的个体，为了特定目标而按照一定规则结合在一起的组织。随着时代的发展，团队的概念在各个领域、各个维度得以延伸发展，内涵极为丰富。但从本质上来讲，团队的存在必然是为了某种特定目标的，也必须是两个及以上的个体而组成，同时，个体之间必须需要有一定的影响作用机制而确保其持续发展。通俗地来说，团队的本质是为了解决那些单个个体无法完成的目标，或者即便个体能够达成效率也极为低下的问题而形成的高效率群体组织。

2. 团队的特征

基于团队的本质及其存在的意义，不管是何种类型的团队都具有一定的共性特征。从本书的角度来讲，我们强调团队的以下几个重要特征：

第一，科学的目标体系。团队成员需要对组织存在的意义、宗旨、愿景与使命达成高度共识，并共同将这些共识转化为组织的战略目标体系，在工作中作为具体的行动任务按计划实施推进。科学的组织目标体系有助于凝聚激励团队成员、指引工作方向、评价反馈组织绩效等。

第二，合理的团队结构。合理的团队结构决定着团队成员能否高效减少或化解团队内部冲突，提升组织内部协调效率。团队结构主要包括团队成员的知识结构、年龄构成、性别结构、专业结构和性格搭配等多个方面，这些方面在组织内部各方面影响着团队成员之间的人际关系、信任程度、心理情感、工作绩效等诸多方面。

第三，良性协调机制。团队成员之间能否拥有良性协调机制，决定着团队工作氛围，最终在很大程度上影响者团队的绩效。具体来说，团队良性协调机制的形成有赖于团队文化、制度、流程、沟通情况及信任互助情况，这些方面被视作团队工作氛围的核心因子和催化剂。

（二）设计思维创新团队建设

在创新创业活动中，团队建设与管理也是极为重要的一环。

在设计思维创新实践中，会吸收借鉴社会科学优秀的理论成果和实践技法来保证团队绩效。

1. 创新团队建设目标

设计思维作为一种创新的方法论，核心目标是追求打造深度吻合用户需求的颠覆式创新性产品或服务。因此，在团队建设目标上既具有一般性，又具有设计思维创新所要求的特殊性。

第一，设计思维创新创业团队建设和普通团队一样，都追求高效率的产出，但在用户层面则表现出其独特性。在创新创业实践中，更快更好地推出创新性的产品或服务是最基本的目标。“快”主要表现于领先市场竞争对手推出新产品或新服务，获得“第一进入者的优势”，从某种意义上说作为某种产品、服务或专业领域的“代名词”，有助于建立品牌形象；“好”主要表现在产品或服务更能满足用户需求甚至超越用户期望，在用户心目中建立好感、依赖感和忠诚度。

第二，任何团队都对其成员结构有一定要求，设计思维创新创业团队则对成员的专业领域结构有特定需求。为了获得对创新领域更深次、更广泛意义上的理解，我们要求团队成员在专业领域上有显著跨界特征，也就是说要求团队成员来自不同领域，而不是相同岗位、领域或组织。这样做的主要目的：一方面可以防止“近亲繁殖”所致的组织惯性和创新匮乏；另一方面可以激发多视角的冲突和理解，同时还可以获得更多的观点，从而加深对问题的理解认知。

第三，在团队成员的属性上，我们的设计思维创新创业实践不仅要求符合现实工作需要，还更多地关注团队成员的贡献性。这里主要指的是尽量避免在创新早期过多地把产品开发领域的工作者引入团队，防止受到其工作实际困难的束缚，影响了思维的扩展，甚至有不少团队在早期完全规避产品研发成员，而主要选择面向用户需求洞察的相关专业人士。

2. 团队组建方法

实践中，团队组建的方法很多，不同的实践者也有不同的做法。我们在此介绍在实践中我们颇有心得的几种方法，供读者参考。

• 愿景共创法

愿景是个人或组织对未来的美好想象与描绘，是对可能的憧憬。因此，愿景对组织及个人具有极强的激发和鼓励作用，也能够有力地凝聚团队成员为了实现共同愿景而付出不懈努力。从愿景的特点上来讲，愿景应该具有前瞻性、引领性、号召性、共识性、清晰性与共同利益性等。换句话就是说愿景应该对未来较长时间发展有科学预测，能够起到引领组织和个人努力方向的作用，能够通过激励成员而号召大家发起行动、属于团队成员充分沟通达成共识，能够让成员清晰地看到未来，并且能够让所有参与成员都能从愿景达成中得到合理的利益。

愿景共创法是在短时间内，运用一定的工具帮助团队成员共享认知并迅速地达成共识，进而把这种共识以特定的形式表达出来的过程。这种做法的主要步骤包括：

（1）主持人（可以是导师或者内部一个成员）召集拟参与团队组建的成员，提议大家畅想自己心目中最理想的未来工作生活、人生追求等。这个过程可以采用冥想静思、浏览专业的愿景共创彩色卡片等各种个性化的工具。

（2）每个人对自己经过上一步骤思维发散的所思、所想、所感，用关键词的方式独立地写下来，要求尽量涵盖所有自己认为重要的信息，并且这个过程中不要受到其他外部干扰。

（3）主持人组织大家按照一定顺序分享自己的关键并进行解释，大家可以在这个过程中提问进行成员之间的充分沟通理解，但是尽量不要争论以防影响分享和整体进程。

（4）待所有成员分享结束以后，所有成员一起在讨论大家所沟通的内容中，最为重要的关键要素或关键词（数量可由主持人根据参与成员多少灵活决定，一般在 3～10 个范围内分布）有哪些，并按照重要性进行排序（有争议时可以采用强制投票法决出）。

（5）参与成员对所达成共识的数个关键词进行组合，构建成一段对一个团队或组织未来愿景的描述，并以激动人心的方式呈现出来（包括徽标、口号等团队视觉识别系统）。这一过程在某种程度上也是团队文化共建的过程。

需要指出的是，在人数比较多的情况下，主持人亦可以在初始阶段依据参与成员冥想静思、愿景共创彩色卡片等引导出的关键要素（关键词）的一致性让参与人员自由组合分组；或者更为简单的方法是把愿景共创彩色卡片让大家自由挑选，根据所挑选卡片一致性多少确定组别。总之，分组是一个初始简单的做法，主持人可以灵活处理，亦可以在后期根据团队成员表现进行适当调整。

• 视觉卡片引导法

先要强调的是，这里的视觉卡片引导法与愿景共创法所采用的彩色卡片是截然不同的卡片组。愿景共创法所采用的彩色卡片，每一套中要求数量在 50～100 张区间，且不能重复，内容涵盖自然、社会、生活各个领域，重在激发参与成员的深层次认知。视觉卡片每套内要求至少 10 组（每组 3 张）递进发展类卡片，以不同的成长路径、发展观念等加以区分。这一方法的基本步骤是：

（1）主持人提前将卡片分组张贴（或者其他适宜的方式呈现）于教室四周墙壁，注意每一组内的卡片需要按照一定的逻辑顺序张贴，不同的卡片组间距离合理，保证互不影响的同时，也不至于太远而不便参与成员走动阅览。

（2）每一个成员在阅览完全部卡片组后，或者自己认为不需要考虑其他卡片组时，即可以在自己认可的卡片组周围合适的位置，附上自己的签名贴。

（3）待全部成员完成上述工作后，主持人进行整体核查。确认无重复或成员遗漏后，进行分组。分组的方式可以有两种：一是如果大家选择的结果是每组卡片人数比较均衡（组内人数主要在5～8人内分布）的话，可以稍微进行调整以配比人数进行分组；二是如果每组卡片选择的人数差异比较大，可以按照人数比较多的卡片组进行均分，以每组5～8人为宜，然后将其余所有卡片组人数或者按照同样方法均分，或者让成员之间自行沟通归到各小组内。

（4）小组分配结束后，可以再继续采用各种方法开展团队建设工作，包括团队愿景、口号、VI识别系统等。

• 性格特征分组法

这种方法是强调团队成员性格对团队绩效的影响而进行分组的。人的性格特征分类具有代表性的就是MBTI性格特征分类（关于这方面的内容比较丰富，请读者自行查找相关信息），这只是一种很直接便捷的分类方法，而且也具有较为可信服的科学性。其基本步骤是：

（1）主持人组建全体成员讨论群，可以采用线上线下两种模式。线上的模式可以使用各种即时通信工具，比如微信、Skype、MSN等。线下的模式可以采用会议组织的各种形式让团队成员围坐。

（2）主持人将性格测试题目分享给所有成员，并组织大家按回答题项进行测试。对于在线测试方式而言，目前互联网上有许多公益的测试程序。线下的方式可以由主持人将题目做成测试答卷，现场填写并在最终公布评价标准，由成员自行判断；也可以由主持人将题目呈现于屏幕，逐个答题并提供评价标准进而判断。

（3）性格测试完毕后，每个团队成员都会得到一个测试结果，也就是自身性格特征类型。主持人可以按照一定的标准要求大家沟通后分组。团队分组一般要求团队具有一定的稳定性和差异性，所以标准一般是要求 MBTI 测试的性格分类后四个字母中，有两个以上相同，同时避免全部字母都一致或者全不一致。

（4）团队成员自行沟通讨论后，主持人可以根据需要进行适当的人员调整，如综合考虑团队之间人数不宜差异过大，或者避免熟人扎堆等现象。

（5）分组后，需要进行下一步的团队文化建设等工作。

• 自由组合法

自由组合法相对而言要简单一些，但不意味着是没有任何规则的随意组合。一般需要主持人提供一定的依据或者标准。比如，主持人可以让大家自由分享名片，开展相互的认识和交流，寻找共同兴趣并召集伙伴；也可以事先安排一些领域的话题，由成员们自由讨论并召集伙伴；还可以充分引入视觉彩色卡片来进行适当的引导分组。当然，分组完成后，还是需要进行适当的团队文化建设等工作。

• 随机强制法

随机强制法相对而言最为简单直接，当然也最为有可能对团队绩效产生负面的影响。这种方法往往不考虑团队成员的任何个性化因素，直接进行强制分组。典型的方法包括按照预先拟定的小组数，由所有成员进行循环报数并依据所报数字确定小组归属；还可以借助提前准备好的扑克牌让大家随机抽取并分组等各种方法。当然，分组后依然要进行团队文化建设工作。

总之，创新创业团队建设工作是一项基础性的工作，采用哪种方法需要主持人根据实际情况灵活选择，但要明确这一工作的主要目标是要为团队绩效服务，不可没有依据和章法。这一步工作结束后，团队就需要考虑所要解决的问题与挑战了。

二、确定创新领域

任何一个创新创业团队或者其他各类组织，都必须有一个存在理由。基于设计思维指导下的创新创业团队更要求这个团队在组建之初，就要明确自己所致力于解决问题的领域，这是一个团队战略层面的筹划，也是一个解决社会问题服务社会发展的立足点。

团队创新领域的确定，必然是以解决社会问题、创造价值为最高指导思想的，也就说创新领域的确定是建立在对社会领域内的问题识别为基础的，这就需要采用适宜的理论指导。实践中，可以采用的方法比较多。我们在前文提及的著名学者 Rittel 和 Webber 关于社会问题属性分析法本身就是关于问题解决方案创新性解决设计的问题，是一个比较好的帮助探寻创新领域的工具。同样如前问所述，Richard Buchanan（1992）也结合设计实践，分析了 W 型问题特征、产生的原因，并提出通过设计把不确定性的问题用具体的物质来呈现和回答，为运用设计思维解决 W 型问题提供了理论和实践支撑。

（一）社会问题探寻

解决社会问题、提供价值是每个创新创业团队孜孜以求的目标，但是什么样的问题值得选择？以及怎样去寻找、发现和甄选这类问题？尽管回答这个问题并不是一件很简单的事情，但是毋庸置疑的是，那些重大而又迫切、复杂的问题往往是人们最期待看到答案的。设计思维创新方法论更是直面这一挑战，致力于为社会提供颠覆式的创新产品或解决方案。

1. 社会问题的属性

如我们第一章所述，学者们把社会问题分为 W 型和 T 型问题两类，前者指的是那些模糊复杂的、难以被清晰界定的困扰性问题；后者指的是那些能够被清晰定义、可以简单驯服的问题。相应的，W型问题无法简单地被定义，所以也就难以通过简单的线性思维进行社会及个体价值协调来解决，反而容易使得利益相关者掉落到问题纠缠的陷阱中；而T型问题则由于可以被定义，也就可以相对容易地采用线性思维模式予以解决。概括Rittel和Webber（1969）的主要论述，W型问题的特征主要包括：①直到问题解决才能理解这一问题；②没有停止的规则；③没有“对”与“错”的答案；④每一个问题本质上都是独特和新奇的；⑤解决方案需“一击即中”，没有试错的机会；⑥没有给定可选解决方案。

简单地讲，W型问题指的是那些关联了诸多利益相关者，而这些利益相关者共同作用导致了问题的产生，每一个利益相关者既有贡献，又有责任，存在交叉纠缠的关系，牵一发而动全身，因而导致问题模糊复杂化，也就难以被简单地定义，不容易找到问题的解决方案。直观线性地分析问题，抑或采取措施都会陷入问题的陷阱之中。

相对于W型问题，T型问题的特征则是：①容易被定义、稳定陈述；②有明确的停止点；③解决方案有可以客观评估对错的标准；④类似问题可以用类似方法解决；⑤可以找到轻易进行测试和放弃的方案；⑥可提出一定限量组的可选方案。

2. W型问题的T型转化

基于两类问题的属性，设计思维的理念强调化繁为简、逐步推进问题的解决，借鉴相关理论成果，对于W型问题向T型问题转化的路径包括：①锁定问题的定义是不让问题的边界扩展；②声明问题得到解决，然后探索如何提供证明：不再纠结于问题本身；③指定度量成功解决方案的目标参数：寻找解决问题的要求；④将该问题描述为“就像”之前已经解决的问题：简化与接近；⑤放弃寻找解决这个问题的好办法：避免陷入麻烦；⑥声明只有几个可能的解决方案，并从其中进行选择：变成选择题，进行强制抉择。

由此可见，关于社会领域内 W 型问题和 T 型问题的理论分析为设计思维创新方法论提供了解决问题的指导框架，有助于高效地确定创新的领域、面临的挑战及创新价值主题。

（二）创新领域的确定

人类对问题的认知及后期的处理方式很大程度上受到其固有的思维模式、行为习惯、所处的环境等各方面的影响。在面对创新性解决问题时，更容易受到这些因素的影响。因此，在开展创新性活动的整个过程中，都有必要保持清醒的头脑，至少要有一些理性的思路和框架来指导自身的行动，避免落入一些典型的陷阱。在创新实践活动之处，把握创新对象的特征及其会给我们带来的挑战、认识人类思维的特征、界定创新问题的领域范围，可以帮助我们事先就对整个创新活动建立初步认识，可以作为有效规避这些陷阱的手段。

1. 创新的挑战

• 创新对象的特征

创新必然要全面认识事物本身，包括其表象和本质。但我们不得不承认在很多时候我们人类没有办法在第一时间就能快速认识到事物的真实面貌，把握其本质。究其原因，事物本身具有的模糊性、表面性、动态性等诸多特征会影响我们对事物的认知。

第一，事物本身的模糊性源于认知的特点。由于在我们的认知与事物本质之间存在一个界面，如同我们日常所说“隔了一层窗户纸”，认识到事物的本质要求我们具有一定的认知能力、认知方法与工具，从而突破不确定性，帮助我们把“看起来很像的事情”变成“事实上就是”，也就是变为确定性。

第二，表面性来源于人类的认知规律。在人类认知的发展过程中，同时也在我们的成长和接受教育的过程中，我们掌握了认知事物的规律、习惯和方法，这给我们带来高效地把握客观世界的同时，也给我们认知事物本质带来一定的挑战。这主要表现在我们认知事物时，会倾向于快速对自己所感受到的客观世界进行判断，这个判断的过程就往往是基于经验的，比如基于概率、主次矛盾、占比等判断事物的重要性与迫切性，这种判断在很多时候是对的，但是在面对突发事件、偶发事件，尤其是新生事物时，往往就是错误的，而在创新的过程中，则往往都是新生事物。

另外，事物的动态性发展源于事物本身的特征。如同哲人所说："人不能两次踏进同一条河流。"客观世界事物的运动性是绝对的，事物本身及其周围环境的变化也是绝对的，而人类的认知存在一定的延迟，在信息获取和达成判断的过程中都存在阶段性，也就使得我们的认知难以及时跟得上变化的脚步。

当然，客观世界的万物，尤其是我们所要创新的对象，不仅仅拥有上述三个方面的特征，这就给我们的创新实践带来更大的挑战，需要我们突破自身的思维和认知局限，持续接近真相。

• 人的思维特征与挑战

人类是这个星球上最具代表性的智能生物，长期的演化与发展使得我们形成了智力水平最高的大脑及其思维模式，教育活动进一步提升了我们的思维效率。但同时，这些进步也给我们突破传统认知带来一定的挑战。

(1) 左右脑思维特征。前文我们已探讨过美国心理生物学家斯佩里博士关于大脑不对称性的"左右脑分工理论"，参考斯佩里的研究成果，人类在创新实践中需要左右大脑协调行动，左脑倾向于支撑逻辑思维的创新思维活动，右脑倾向于支撑艺术性、跳跃性、颠覆性思维活动。但是，现实中由于教育倾向，偏重于左脑逻辑思维的培养和训练，使得我们更擅长理性思维，而对于颠覆式的右脑思维模式则比较欠缺；与此同时，每个人在长期的社会生活实践中又必然会形成自己的思维惯性，难以按照实践需求突破思维惯性、调整思维活动，所以必然会给创新实践带来挑战。这就要求我们采取一定的措施，或者采用科学规范的工具和方法，从而突破人类思维惯性的缺陷，达到创新实践目标。

（2）教育传统与模式。任何人所接受的教育都会受到所在社会的政治、经济、文化、习俗等诸多方面的影响，有的国家与地区教育文化比较传统，会导致人们思想守旧，难以突破文化桎梏；而有的教育文化则比较开明，提倡开拓创新，但也可能会导致无政府主义。过分强调理性思维的教育则会淹没突破性创新的活力，而过分强调艺术思维则会打击脚踏实地的探索行为。所以，人们所接受的教育传统与模式也会影响我们的创新实践活动及其产出，同样也需要我们在实践中采取相应的手段来避免。

2. 团队创新领域

• 创新领域的来源

设计思维的产生就是立足于探索解决 W 型的问题的，其所采用的方法工具主要是为了促进 W 型向 T 型问题的转化，从而把问题界定清楚，确定利益相关者，进而分而治之，做到让用户及其利益相关者满意，最终使得问题得以解决。

在创新实践中，首先是大致确定团队所需要解决的创新领域。一个创新团队不管是基于公益性质，还是商业利益，都必须以解决社会问题、创造社会价值为基础，否则就失去了其存在的意义。而社会价值往往就体现在能够解决社会领域的复杂问题，满足问题利益相关者的需求，甚至超越其目前的需求，最终达成问题的解决。

实践中，创新领域的确定主要有以下几个来源：

（1）普遍性社会问题。这类问题一般属于普遍长期存在、社会大众一直以来都面对的问题，悬而未决，广为诟病，但又难以找到解决思路或者方法。比如交通拥堵、环境污染、学生沉迷游戏等。

（2）组织战略挑战。一个组织尤其是企业大发展涉及方方面面，出现的问题往往也是多个方面的造成的，如销售业绩不理想、企业文化建设滞后、人际关系不融洽、执行力低下、团队精神和意识欠缺等。

（3）核心业务领域。主要指的是组织（主要是企业）所从事的核心业务范畴内的挑战或问题，比如业务萎缩、产品竞争力差或缺乏更新换代、销售政策不科学、管理制度缺位等。

（4）客户服务界面。这里主要指的是来源于客户服务层面的问题或不足，包括客户满意度低、投诉率高、顾客体验不好等各个方面的问题，可能会由诸多细节导致，比如环境问题、服务流程、售后服务、人员素质等。

（5）调查研究信息。通过对目标领域的有目的性的调查研究，亦可以帮助我们发现要改进的方向和问题所在，这些问题往往都来自基层和一线，所得到的问题最有实际意义，就如同毛泽东同志所说的“没有调查就没有发言权”。

（6）市场竞争态势。根据市场竞争态势，尤其是竞争对手的信息，通过对标等方法，可以发现自身存在的不足，检讨自身的行动，可以帮助组织尤其是企业发现提高竞争力的路径。这类问题包括产品、服务、管理、流程等各个方面。

• 拟定创新主题

这里所说的“创新主题”本质上就是创新活动所拟解决的问题，采用这一说法更能帮助我们明确努力的目标、强调活动的创新性。当然，此时创新者们并没有找到真正的问题所在，在某种程度上算是对未来所要解决问题的一种范围确定，为以后的“问题陈述（Problem Statement）”，提供了大致的方向和范围。当然，从目标上看，这里需要明确所要解决问题的领域、对象和主要内容，尽管具体问题仍然未确定。举例来说，创新者拟解决交通堵塞问题，这就相当于确定了创新主题，而交通堵塞是一个复杂的 W 型问题，而低于具体要解决的问题是探索道路不足，还是车辆过多抑或是交通秩序，这些还尚未确定。

三、问题研究框架

设计思维创新对于问题的解决，是贯彻“以人为本”的理念的实践方法，会综合借助社会科学诸学科领域的工具，相应地解决问题的框架，也会因为问题领域的不同而有所差异，而且事实上用以问题研究的工具也很多。特别强调的是，问题研究的框架存在层次高低、范围宽窄、宏微观的不同界定标准，实践者可以自行根据研究需要灵活设计。

为理解方便，在这里我们只提供一个较为容易理解的框架示例，也就是基于问题的利益相关者分析进而确定研究对象，然后开展人本主义研究的逻辑框架，供读者参考借鉴。

对于复杂问题的研究，一个通用的思路就是要把问题所涉及的利益相关者（或称利害关系人）找出来，分头采用访谈观察等多种方法进行研究，以帮助洞察所研究对象的需求及隐藏的问题所在，从而探索解决方案。

（一）利益相关者分析

1. 利益相关者概述

利益相关者（Stakeholder）概念及其理论的形成发展是一个渐进的过程，主要应用于公司治理和企业经营管理领域，公司治理领域用来指股东、债权人等可能对公司的现金流量有要求权的人；在管理领域被广泛用于描述组织外部环境中受组织决策和行动影响的任何相关者。从更为宏观或者广义的层面上讲，这个词语可以更为宽泛的表达与相关问题、组织或个人存在影响、利益关系的组织与个人。

在这里，我们借用这个名词，表达一个更为广义的概念，主要指代的是所拟研究问题，或者研究对象的相关利益方，他们会影响到问题的产生、轻重缓急及决定问题解决与否，也必然会受到问题的相应影响。

2. 创新实践中的利益相关者分析

基于设计思维所面临的问题多为W型问题，涉及的因素或相关方较为复杂，且其相互关联所产生的作用关系就更为复杂，所以在分析实践中，为简要起见，我们以问题为中心，以对问题的影响程度、影响大小两个维度为依据区分各利益相关者，进而确定相关者的定位，并以同心圆图的形式表现出来。

举例来说，就交通堵塞问题来讲，直观分析不难知道，对这一问题的影响强度、大小都比较大的相关方，包括开车上班族、交通管理部门、公交车、道路建设部门等；而这两个方面相对较小的则有行人、骑车者、地铁建设部门、城市规划部门等。我们可以制作出简单的利益相关者分析图（见图3-1）。

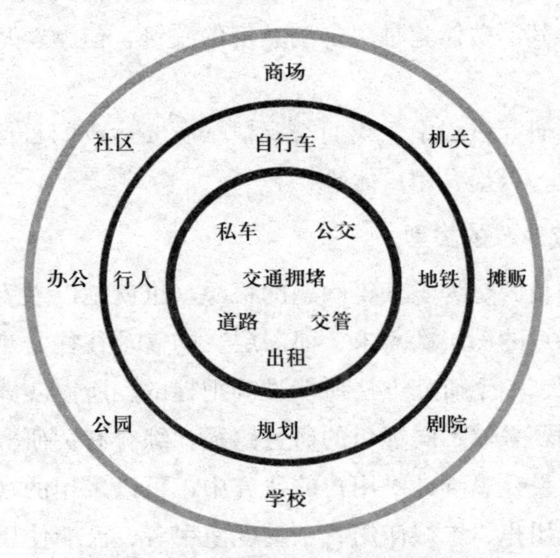

图3-1　利益相关者分析示例

（二）研究对象分析

设计思维强调从不同的视角对所拟解决的问题进行分析，综合考虑多方面因素探索解决方案，追求提供给利益相关者方的目标达成和体验提升。鉴于研究者、顾客及最终用户的认知能力总是存在其固有的局限性，任何一方也不是完美的，所以我们对问题的研究需要获得来自于多个类型的研究对象的信息。

1. 用户与顾客

在以人为本的研究阶段，我们应当注意区分用户与顾客（或称购买者）的不同。顾名思义，用户就是指的使用我们产品或者接受我们服务的对象，但是顾客或者购买者在不少情况下并非最终用户，比如礼品的用户是消费者，而购买者却是送礼者；奶粉和尿不湿的用户是婴幼儿，而顾客则是照顾婴幼儿的成人。这两者往往都是紧密的利益相关者，但他们在我们以人为本的研究过程中的作用和贡献是存在较大的差别的。用户消费我们的产品或接受服务，其消费体验是决定满意度的关键，但顾客却是最终消费决策者。

在实际研究过程中，我们需要根据所要达成的目标，综合考虑各方因素，以提升用户体验。

2. 研究对象的类型

研究的目的是为了获得问题的根源，也就是以人为本的研究需要把握用户的深层次需求，而深层次的需求往往是难以仅靠一个研究视角、一个研究方法所能准确把握的，所以实践中我们针对同一个问题采取不同视角的研究路径。综合有关研究文献及实践经验，在设计思维针对用户的研究中，可以采用的视角包括发烧友、领先用户、忠诚使用者、重度使用者、极端使用者和困难使用者六大类。

第一类：发烧友，指对某一特定对象具有极大的热情，醉心于获得更多的收获或者高层次的体验。这一类对象在生活中广泛存在，比如汽车发烧友、音响发烧友等产品价值体验类发烧友；还包括对产品或服务功能特异化沉迷的工作者，比如车辆改装工程师、家庭影院设计师等；另外一类发烧友在以人为本的研究中主要提供设计的基础原理支撑的，我们称之为技术发烧友，比如研究服装设计的设计心理学家、研究家庭治疗的心理学家等。

第二类：领先用户，指的是在某种产品或者服务的消费中引领潮流的人物，又称领袖用户、潮人。往往这部分人能够具有较强的影响力，能够带动社会范围内如消费领域的潮流，因为他们能够具有一定专业性、代表性、典型性。比如在互联网时代的网红带货、明星代言产品广告、酒店专业试睡员、豪车试驾员等。

第三类：忠诚使用者，指的是对某一品牌具有特别喜好者，通俗成“粉丝”，具有较强的社群消费功能，能够带领相关联的人员共同产生对某一品牌产品的消费，具有较强的口碑效应。比如华为产品的粉丝称为“花粉”、苹果产品粉丝称为“果粉”、小米产品粉丝称为“米粉”等。

第四类：重度使用者，指的是在使用某种产品或接受某服务上具有极高的频率和强度，甚至会有一定的厌烦或者疲劳感的存在。比如使用绷带的护士、使用粉笔的教师、开车的公交司机等。

第五类：极端使用者，指的是因为自身情况或者环境较为特殊，导致使用产品或者接受服务需要采取特殊的调整和修改，比如小孩、老人、孕妇、身体残障者等，另外如飞机卫生间、太空喝水等极端情况下的使用者。

第六类：困难使用者，指的是不愿使用特定品牌产品或服务者，对某种产品或者服务不愿意接受，带有本能上或者情感上的排斥。比如有人坚决不用手机、不用某种特定即时通信工具、只用现金而拒绝线上支付或信用卡等。

3. 研究对象设计

如前文所述，研究对象的选择主要基于研究的目标，主要目的是为了从不同视角、多个路径获得更为全面的用户信息，以深入理解其需求，并为下一步探索创新性解决方案提供基础。

实践中，我们更多的是基于此前的利益相关者分析锚定问题所涉及的研究对象来源，并进行适当的扩展，寻求各类研究对象。此工作的主要目的在于帮助我们能够更为清晰全面地理解未来产品或者解决方案的原理、机制、影响因素、功能及作用等。

当然，设计思维以人为中心的研究主线是用户，对各类对象的研究都是以深层次洞察理解和描述用户的需求为目的的，用户研究的逻辑路径构成其他类对象研究的基础。

（三）用户研究逻辑

对于用户研究的逻辑路径有很多，尤其是涉及不同类别的产品或者服务，更需要针对性的采取特定逻辑路径。在这里，我们主要提供应用较为广泛的用户体验地图、5Es 框架供读者参考并灵活运用。

1. 用户体验地图（User Experience Map）

以人为中心的研究毫无疑问需要围绕用户的体验进行研究，于是在理论界和实践界的共同努力下，开发出了众多的分析用户交互体验的工具。包括诸如 User Experience Map、User Journey Map、Customer Journey Map 等各种名称，国内和国外的设计咨询公司通常会把用户体验地图作为设计流程的必要环节，如 IDEO 、EICO、浪尖设计等。

为理解方便，我们不去探讨这些具体的名称的差异及其应用情景的不同，主要向读者介绍其通用逻辑思路，也就是按照用户体验的基本历程分析用户的综合体验为主线，关注用户体验的各个要素，以期能够为把握用户的深层次需求提供支撑。当然，在实践中，读者可以根据需要灵活调整，以能刻画用户体验和把握需求最高目标。

（1）主轴线。用户体验地图不管采取什么样的具体表现形式、立足什么样的场景，都会有一个主要的轴线，采用最多的是时间轴，也即沿着用户体验事件的先后顺序描述，亦有采用地点顺序、距离等为主轴线的刻画模式。

（2）要素。用户体验地图的目的是把沿着主轴线演进的用户体验情况刻画出来，因此所采用的要素就会包括时间及阶段、用户目标、行为动作、环境、接触点、想法、情绪、感受（包括痛点、兴奋等）等，具体采用哪些要素，主要取决于研究者需要把握的用户体验构成是怎样的。

（3）原则。一幅好的体验历程图不仅需要包括以上的一些必要元素，更应关注的是创新的目标，所以在具体实践中应该遵循一些原则：明确目标、服务对象、基于事实、聚焦体验、团队合作等。

（4）呈现方式。讲故事（Storytelling）和视觉化呈现（Visualization）是创建客户体验历程图中所使用的主要工具，它能够帮助我们更好地理解目标用户在特定时间里的感受、想法和行为，认识到这个过程的演变过程，寻找用户的痛点，进而帮助团队更好地理解和确定用户需求；同时它可以更有效地传递信息，使信息的呈现简单明了，便于记忆、设计洞察与团队分享。

2. 5Es 框架

用户体验地图有着众多的应用形式，包括同理心地图、用户体验历程图、服务蓝图等各种形式，用于描述不同的过程及拥有不同的目标，需要我们灵活加以使用，事实上也没有必要做出特别区分。接下来我们用一个 5Es 框架来进一步阐释用户体验历程地图的应用。

美国创新战略公司 Doblin 的总裁 Larry keeley（1994）提出

了一个 5E 用户体验模型，即 Excitement（兴奋）、Entry（进入）、Engagement（链接）、Exit（出口）、Extension（延伸），为我们基于用户体验历程图刻画用户体验的关键节点提供了一个基础框架。具体实践中，有不少专家提出了针对具体对象的框架，比如国际设计思考学会（ISDT）的主席、芝加哥伊利诺伊大学 Stephen Melamed 教授（2019）在咨询和培训过程中，用动词化的形式优化了该 5Es 框架模型，突出了用户体验的动态性。我们以一个商场购物的体验历程为例简要说明（见表 3-1）。

表 3-1　用户体验历程图的 5Es 框架示例

ENTICE	ENTER	ENGAGE	EXIT	EXTEND
顾客进入商场，从入口附近看到各种商家及产品信息，并产生特定关注	进入特定店铺，搜寻并查看各种感兴趣的商品	与店员沟通并试穿、试戴、试用，通过价格商谈后购买产品	顾客获取售后保障条款后，购买商品离开	顾客收到满意度调查并提供反馈，根据自己的体验分享给友人

在这个历程图中，以大众所常见的顾客商场购物为例，用 5Es 应用性框架概括性描述了顾客购物的整个历程：从进入商场开始，入口处的布设信息对顾客产生吸引力，引导顾客进入特定店铺，去搜寻和查看其感兴趣的商品，兴趣产生后就要激发顾客理想的体验，所以这时店员就应该主动与其沟通并提供试穿、试戴等尝试体验的服务，促使良好体验的发生并给予售后保障承诺，最终使得顾客做出购买决策及行为后离开。值得一提的是到此并没有结束，而是在顾客购买后的使用过程中进行满意度调查并诚信听取与借鉴其反馈建议，进一步促进客户分享推荐购买。

综上可见，上述这些研究逻辑框架，给予我们对目标用户进行详细而深入的理解，洞察其达成任务目标的过程，并为把握他们的心理、动机、行为、体验等诸多方面的变化提供了清晰的依据，值得我们积极借鉴使用，并可作为创新实践活动持续迭代优化的有力工具。

四、价值创新规划

（一）价值及价值链

1. 价值概述

人类对价值的定义与判断是一个逐步演进的过程，并形成了价值理论，也即关于社会事物之间价值关系的运动与变化规律的科学。马克思主义政治经济学关于价值和使用价值有科学细致的论述。我们一般认为，价值是凝结在商品中的无差别的人类劳动或抽象的人类劳动。它是构成商品的因素之一，是商品经济特有的范畴。使用价值是一切商品都具有的共同属性之一。任何物品要想成为商品都必须具有可供人类使用的价值。使用价值是物品的自然属性。使用价值是由具体劳动创造的，并且具有质的不可比较性。使用价值是价值的物质基础，和价值一起构成了商品二重性。

众所周知，生活中所称的价值往往指的是其使用价值，西方资本主义国家在商品经济中的一般说法，是站在有用无用的角度来讨论的。

人们在创新实践中或者说是价值创造的过程中，必然既有价值的创造，也伴随着使用价值的产生，这也是由商品的两重性所决定的。因此，我们在本书中所讨论的价值，也默认为是在两重性的统一，不去刻意区分价值与使用价值。

2. 价值链

价值链（Value Chain）概念首先由迈克尔·波特（Michael Porter）于 1985 年提出。他指出：“每一个企业都是在设计、生产、销售、发送和辅助其产品的过程中进行种种活动的集合体，所有这些活动可以用一个价值链来表明。”后来在包括波特在内的众多的学者的努力下，价值链的内涵范围越来越大，被广泛用来指代创造价值的整个流程。

在以人为中心的创新实践中，创新者必须能够为用户创造更大的价值链，更符合用户需求的使用价值。在如何更好地了解用户需求时，由于用户对价值的需求并不是一蹴而就的，而是一个延续的过程，所以就要求我们对用户需求的探测与把握要综合考虑用户的整个消费过程，注重消费的关键节点体验。

（二）用户需求及价值

1. 人本主义心理学基础

人本主义心理学的代表性理论源于著名心理学家马斯洛（Abraham Maslow）的需求层次论。马斯洛认为，人的需要由生理的需要、安全的需要、归属与爱的需要、尊重的需要、自我实现的需要五个等级构成。需要层次理论是关于需要结构的理论，其不仅是动机理论，同时也是一种人性论和价值论，讨论人性的本质与价值需求。

另外一个值得关注的理论是赫茨伯格（Fredrick Herzberg）的双因素理论。他把驱动人行为的因素分为两类：一类叫作激励因素，保健因素是指具备了这种因素，我们会感觉到很正常是应该的，而缺乏了这种因素的情况下，我们就会不满意，对现况不满；另一类叫作激励因素，它是指具备了这种因素，人们会觉得非常的满意，会很兴奋、高兴，受到激励，而不具备这种因素，人们会觉得是很正常的一种现实。

在实践中我们可以把需求层次论与赫兹伯格的双因素理论对照结合来把握人的需求。对照不难发现，需求层次论里面的高级需求对应着激励因素，而需求层次论里的基本需求则对应着双因素理论中的保健因素（见图 3-2）。

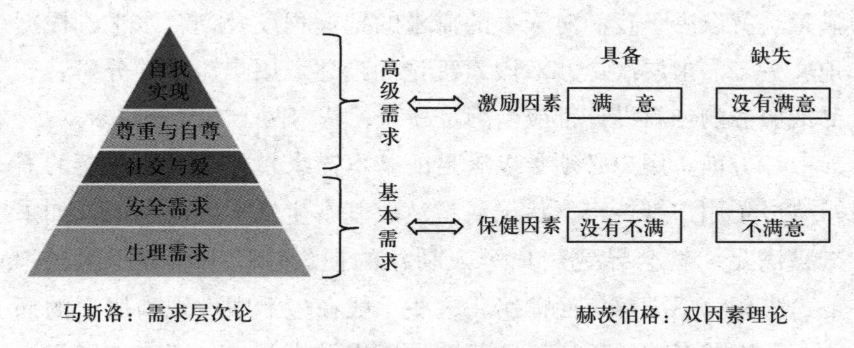

图 3-2　人本主义心理学代表性理论

人本主义心理学后期进一步发展，卡尔·罗杰斯（Carl Rogers）发展出了“以当事人为中心”的心理治疗方法，首创非指导性治疗（案主中心治疗），强调人具备自我调整以恢复心理健康的能力。罗杰斯认为，个体是完整的有机体的存在，是一切体验的发源地，且在自我实现倾向的驱使下成长与发展，其结果就是“自我”及“自我概念”的发展、扩充及实现。

人本主义心理学帮我们奠定了解人把握人的需求的理论基础，我们在考察用户的需求，对用户的价值进行判断的时候，要求我们把用户放在中心，去思考在用户本人的现况和环境条件下的需求。设计思维创新的方法论，正秉承人本主义心理学的内核，探索挖掘用户的深层次需求并提供解决方案。

2. 用户为中心的需求洞察

设计思维创新强调以用户为中心的方法，要研究的人放在我们的所有中心，放在中心进行分析，那么通过把握它的环境，还有心理状况，来深度的洞察他的需求是什么。依据人本主义心理学，把用户放在中心，对其需求进行深度洞察，做到比用户还懂他自己，是设计思维创新方法论的终极目的。

整体上讲，用户消费某种产品或者购买某种服务，必定是为了某种未被满足的需求，而这种需求能否被充分满足，达到用户满意，就取决于我们对于人的需求的把握程度及创新水平。根据前文关于需求层次论和双因素理论的论述，用户需求的分析、产品或服务的创新设计都应当满足高级、基本两个方面的需求。

一方面，用户必须予以满足的基本需求是什么。这方面的需求构成了用户维持当下状况或者达成基本生活实践的目的，如果未被满足，就会导致用户个人利益的损失，产生诸如恐惧、担心、失望、不满等负面情绪，这些一般在生活中表现为用户的痛点、忧虑或者担心等。而即便这种需求被满足，也不能使得用户产生正面的情绪，不会产生诸如欣快、幸福等满意的正面情绪。另一方面，超越用户当前期待的需求是什么。这方面的需求或者说并未被用户想象或者期待实现，属于额外产生的附件价值。如能被用户感知到，会产生快乐、幸福、成就感等正面情绪。这种情况下，有助于催生客户满意感、忠诚感，成为粉丝，连带产生口碑效应。

3. 价值创新目标

• 理想的目标

确定一个理想中的目标，即便这个目标未来不一定能够完全被实现，在某种程度上也能够帮助我们确定努力的方向、激发前进的动力、提供创新对标。设计思维创新实践中，也同样需要这样一个理想的目标。

从人本主义理念的角度来看，这样一个理想目标，应该包含三方面的内容：一是帮助用户达成其行动的目的，消除其行动过程中的障碍与痛点；二是去除社会实践活动中的担忧与焦虑，尽管这种焦虑或者担忧不会影响其目标达成，但是会影响其生活质量；三是如果可能的话，能够为用户带来意想不到的收获、超出想象的快乐体验。

• 目标探索路径

那理想的目标如何产生呢？用什么样的方式得出才能保证目标的合理性、现实性呢？实践是检验真理的唯一标准。所以理想的目标产生与合理性的保障也需要基于实践，基于现实的用户。设计思维创新实践仍然是基于用户为中心的工具来探索这个理想的目标。整体上讲，设计思维会以用户为中心，考察用户消费我们产品或服务的整个过程，详细分析所有的关键动作节点，把握用户的体验，寻求用户满意与不满意之所在，深层次洞察其内心潜在的需求，从而探索出创新方案，最终提升用户体验。

在创新实践中，需要综合运用有关理论和用户体验的分析工具，比如前文所提出的用户体验地图，充分融合价值链的思想，全流程地分析用户价值体验的链条，来理解和分析用户。用户在消费我们的产品，接受我们服务的过程当中，它整个价值形成的链条流程是怎样的？每一个环节当中，其满意度是什么样的？有否存在痛点、忧虑等。可以根据分析结果形成综合的阶段节点、行为活动、情绪曲线、痛点机会等分析图谱。

应用实践中一个较为优秀的框架模型被称为 TPCV-model（Fasinno，2017），由法思诺教育咨询（北京）有限公司在创新咨询与培训实践中推广应用。该框架模型把创新设计的目标概括为四个方面，分别对应着用户所要达成的任务（T-task）、用户面临的痛点（P-pain）、用户的焦虑与担忧（C-concern）、超越用户期待的附加价值（V-value），如图 3-3 所示。

（1）T：task，也就是说任务。我们要理解用户的任务目标，并帮助他们达成。设计思维里面有一个重要的工具，叫作 jobs to be done，也就是分析待完成的工作是什么？未完成的任务是什么？我们要帮助用户来完成他的任务。

（2）P：pain，即痛点。我们要来了解和洞察用户在整个过程当中有痛点存在，当然痛点就会产生负面情绪，让我们的用户不

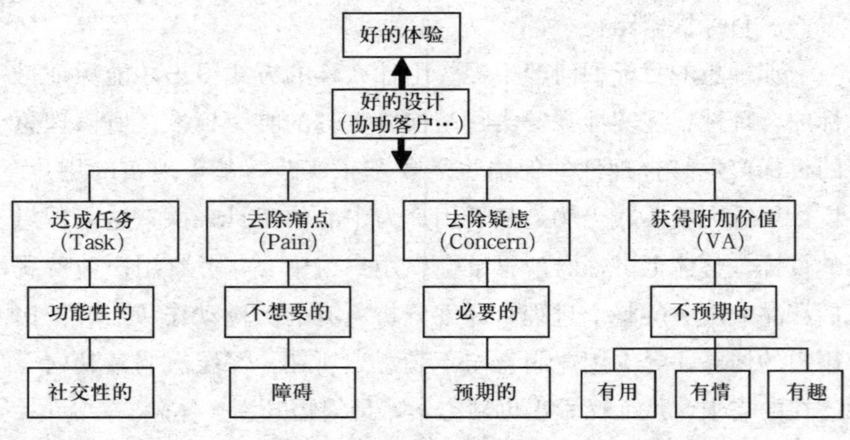

图 3-3 TPCV 框架模型

满意。所以我们要所做的工作，想方设法地来消除痛点。

（3）C：concern，就是焦虑，忧虑和担心。用户在消费产品的过程当中，即便达到预期目标，但往往在这个体验过程当中，会存在某些忧虑、不安全感、担心，当然它的用户体验就会不好。如何帮助他来消除 concern，消除他的忧虑和担心，来提升它的用户体验的水平，也就成为创新价值的目标之一。

（4）V：value，附加价值。这里指的是一个好的设计、一个好的产品或者服务方案，要追求给用户带来超越用户期待的价值体验。这里的从有用、有情、有趣三个方面来探索。所谓的有用就是必须得有使用价值，否则只是增加了成本，不会带来用户体验的提升；另外是有情，就是存在一种情绪的关怀，友情、爱情、亲情等；而有趣是追求给用户带来趣味性，贪玩是人类的天性，人们能够从中获得快乐与幸福感。

在创新实践中，拟定理想的目标是需要根据实际情况综合考虑各方点的因素的，读者可以根据我们推荐的工具，因地制宜地选取合适的方法。

【扩展阅读】创新教练/顾问

近些年随着社会各界对创新咨询与培训业务的增长，对从事创新理论研究与实践的咨询师、顾问师和培训师及其服务的需求迅速增长，这里面既有量的要求，更有质的标准。因此就有了分工更为细致的定位，也就是对专业从事产品与服务创新开发的从业者的界定：创新教练。

教练的概念缘起于体育领域，一般特指采用针对性的辅导与帮助，作为伙伴的角色对学习者进行贴身指导，推进发展与成长的教育培训模式。著名的领导力专家丹尼尔·戈尔曼（Danel Goleman）也曾把教练型领导作为领导力风格中较为理想的一种，强调了教练方式的重要性。著名心理学家爱利克·埃里克森（Erik Erikson）在其人格的社会心理发展理论分析中，通过剖析心理发展的八个阶段，指出人们在每一阶段都有特殊的社会心理任务和一个特殊矛盾，矛盾的顺利解决是人格健康发展的前提。如果个人无法完成突破，就需要专业的教练辅助完成。

基于上述理论成果，有专业的心理学理论学者和实践者开发出企业教练的艺术与科学。专业企业教练可被定义为：专业教练作为一个长期伙伴，经过专业的训练，可以通过聆听、观察，并按客户个人需求而定制教练方式，激发客户自身寻求解决办法和对策的能力。教练的职责是提供支持，以增强客户已有的技能，资源和创造力。所以，就“一种活动”这个意义来讲，“教练”就是教练者运用教练技术帮助他人通过学习获得成长从而达成目标的一种活动。

因此，从上述角度来讲，创新教练承担的是承接客户对于创造性解决问题的辅导需求，提供专业的知识输入、流程组织、工具方法传授，以及承担驱动快速高效达成目标的职责。

第四章　研究设计与实施

上一章内容中，我们给出了设计思维创新的基本框架和路径，待解决的问题仍需要具体详细的工作加以贯彻落实。本章内容主要探讨如何在整体框架下，介绍创新方向确立、以人为中心的研究、HCR 研究方法、研究方案设计、研究实施与数据收集等内容。

一、创新方向确立

创新方向确立主要是指在明确所待解决的社会领域问题并拟定了初步设计主题后，结合组织内外部要素，进一步评估创新的方向可行性、创新内容及机会是否与组织相吻合。本节主要讨论创新的基本约束要素、创新机会探索的总体方向，对创新可能空间进行分析。

（一）创新约束要素

IDEO 公司总裁蒂姆·布朗给出了一个三维度的创新约束要素，认为设计思维创新可以采用三种相互交叉的标准来衡量创新方向是否可行，也即可行性、延续性、需求性，分别对应科学技术、商业实践与人的因素。

1. 技术可行性

可行性指的是未来创新产品或服务的功能能否变为现实，现有技术水平和工艺水平能够支撑想法变为现实。总体上讲，这一约束因素存在于两个方面：一是社会总体科学技术水平，主要取决于整个社会的基础科学水平、生产设备及工艺水平；二是取决于创新组织本身的各类资源与能力，尤其是人力资源、物质生产条件与技术工艺水平。当然，可行性既取决于能不能，同时也要考虑组织商业上的持续生产创造能力。

2. 商业延续性

延续性约束因素在实践中也被描述为商业性，指的是未来可能的创新是否在社会领域及组织内部具备持续商业化的可能，通俗来说就是强调产品和服务方案推出以后，在市场供求及竞争机制影响下，能否创造出足够高的商业价值并持续在商业上获得成功。具体来讲，可能的创新是否能够提供合理的商业价值，能否在组织投入研发成本、生产成本、营销成本等管理费用后，产生足够的收益及利润，以反哺创新活动的持续进行。

3. 消费需求性

需求性强调的是对人们来说具有意义或者价值，即未来创新产品能够带给人们新的价值或者意义，通俗来讲就是存在真实有效的消费需求。如果从经济学的角度进行评价，这个有效性包括两个方面的含义：一是指人们确实存在对相关产品或者服务的需求，源于人们工作与生活的需要确实存在，产生了人们对于产品或服务的购买动机与意愿；二是指消费者具备相应的购买能力，受到消费者本人的收入和经济能力的直接影响。

消费者的购买意愿和能力决定了需求有效性，在市场经济条件下，购买意愿和能力往往受到消费者特定需求的重要性、迫切性的双重影响，而特定需要的重要性和迫切性又取决于用户本身的特征，包括用户的客观条件、个人偏好、性格特征、外部文化因素等诸多方面。需要强调的是重要性与迫切性两个因素相互影响，还可以独自对需求产生影响。一个典型的例子就是冲动购买，男士购买带有激发成就动机的产品或者服务、女士购买带有情感动机的产品或者服务，往往购买的是自身并不怎么需要，但是在消费现场受到外部因素的影响（如饥饿营销的条件设置）而提升需求的迫切性所产生的消费行为。当然，设计思维创新强调用户需求的持续性，但是重要性与迫切性产生的条件值得创新者加以关注，尤其是产品或服务设计方向上，应该考虑优先满足紧迫性的需求，以保证商业活动的持续性，保证创新创业活动获得合理的投入产出回报。

必须强调的是，对于初创企业的创新者而言，有效需求还有一个陷阱，那就是创新创业者容易犯主观上的错误，用自己的标准评判现实中需求的有效性，甚至某些缺乏经验的创新者更倾向于陷入主观臆想的倔强境地，导致创新创业实践活动的失败。因此，设计思维创新特别强调“以人为本、以用户为中心”的理念，强调运用同理心地图等工具去理解洞察用户的需求，而不是停留在主观层面。

（二）创新机会探索

如前所述，设计思维是为创新性解决复杂问题而生，基于问题导向贯彻人本主义原理寻求创造性地解决问题。实践中，并非所有的问题都能够提供创新的机会，往往受到诸多方面的影响。对于企业等组织而言，组织创新战略是否匹配、商业环境是否可以探索到创新机会及能否深入挖掘出创新机会，都决定着是否可以从现有的复杂问题中寻求创新性解决方案。

1. 组织创新战略

组织创新战略是组织能否从总体上提供组织及其成员积极探索创新机会的根本动力。组织高层意志与其宗旨、愿景和战略目标，既为创新创业实践活动提供方向性指导，也提供了制度化保障和资源支持。

一方面，对于组织来讲，从战略的高度对核心业务领域进行规划布局，为组织对未来的可能创新空间进行探索提供指导、制度化保障及资源支持，有助于组织不断开发出新产品和新服务，为组织保持竞争优势并打造核心竞争力提供源源不断的动力，这是一项事关组织命运和未来长期发展的关键工作。另一方面，对于组织创新实践者，尤其是从事产品和服务开发的员工而言，主动理解并贯彻组织战略目标，在组织战略方向指引下，寻求与组织战略相匹配的创新实践，有助于获得充足的资源保障，包括人力、物力、财力等。

在设计思维创新创业实践活动中，对于所拟解决的社会领域问题的选择，往往首先需要创新团队积极贯彻组织战略，选择与本组织核心业务领域相匹配的问题，并综合考虑战略方向和资源匹配情况，做出合理的抉择。

2. 商业机会评估

在满足组织战略匹配的背景下，创新团队应进一步将所拟解决的问题及对未来的畅想，放在整个商业环境里进行综合评估，以初步确定是否存在创新空间及商业机会。管理理论研究成果与业界实践已为我们提供了丰富的决策工具，包括 PEST 分析、五种竞争力分析模型、SWOT 分析、波士顿咨询矩阵等都可以借鉴使用，帮助我们进行商业机会的初步评估。当然，这些工具并非全部是必要的、全能的，需要我们针对实际情况灵活使用，核心目标是能够以较大的概率对商业机会进行判断。知名学者罗伯特·维甘提（Roberto Verganti）曾指出，组织实施设计驱动型创新，需要从战略角度构建内外部合作关系网络，并合作共创新的产品意义与商业机会。不少企业组织会在企业内部成立专门的创新团队小组，专门负责创新工作，对商业机会的评估更是其核心工作内容。

因此，对于创新创业实践者而言，尤其是初创企业，为了提高创新创业实践活动的成功率，组织专业人士对所从事的领域进行系统的商业机会评估，尤其是对市场空间、发展趋势、竞争态势及投入产出情况做出清醒的判断，可以为创新决策及采取相应的应对措施奠定基础。在设计思维创新创业实践过程中，对商业机会的评估不仅体现在创新决策初期，而且在整个创新流程环节中都持续进行相应的验证评价，持续迭代直到达成既定目标。

3. 用户需求挖掘

用户需求挖掘是建立在宏观战略层面、中观层面商业机会识别两个层面都可以满足继续开展创新开发的判断基础上，所深入推进的具体微观层面的实践工作，也是设计思维创新的核心内容。用户需求挖掘的过程，是把需要转化成需求的过程，这中间需要完成两个关键的突破。第一个突破是精准识别用户的需要，这就需要创新团队贯彻人本主义基本原理和原则，坚持“以人为本、以用户为中心”的核心理念，采用同理心洞察等多种结构化工具，体验被研究对象的情绪和体验，理解洞察其显性及隐性需要，甚至做到比其本人更了解他们。第二个突破是剖析其需要内容及结构，为把需要转化为需求提供可靠的依据。

众所周知，市场经济时代，消费是促进社会经济发展的根本动力，商业活动取决于商品价值不断流通，企业等组织存在的意义就在于持续不断地提供创新性的产品或服务，为客户提供价值，满足用户的需求，而需求又根植于消费者的各种需要。帮助消费者把其需要转化为现实消费需求，则需要创新团队在精准识别消费者需要的基础上，开发出产品和服务原型，经过不断测试优化，使得产品和服务最终能够变成消费者愿意而且有能力购买的商品。

二、“以人为中心”的研究

以人为中心的研究（Human Centered Research，简称 HCR）

强调把人放在研究的中心，而不是过多地考虑技术突破，更强调对传统市场驱动型创新的突破，也不仅仅是围绕当下消费者的需求，而是站在人类社会的高度、人性深层次特性的角度深入洞察与把握人类的需求。

（一）HCR 简述

以人为中心的研究立足心理学等社会科学领域的丰富理论成果，尤其是遵循人本主义心理学和设计心理学的理念，贯彻相应的原理、原则并采用相应的工具来实现研究目标。

1. HCR 概念与内涵

HCR 的概念至少应当从两个角度进行理解：一个是人与技术关系的角度，如设计心理学家唐纳德·诺曼曾说："我们无意中接受了一种设定，那就是技术是优先诞生的（而我们需要接受它）。"人类社会一直以来强调技术的巨大影响，在某种程度上就忽略了对人的需求的重视。世界知名高科技企业都尤为重视技术突破，企业内部的技术工程师们更容易将技术视作生命。众所周知的摩托罗拉"铱星计划"，作者的理解就是以技术为主导驱动力量的，但是在市场需求尤其是消费者接受度上缺乏深入的理解，不能不说是导致该项目失败的重要原因之一。另一个是人与商业关系的角度，这里特别强调人对商业价值及模式的影响，消费者需求的特性决定了商业价值及商业模式的形式，可以从需求的重要性、迫切性两个方面加以衡量，即消费者需求的重要程度、迫切程度决定了商业价值的大小，也影响了商业模式的具体形态。

因此，HCR 重点强调人是社会的主宰者，人类需求是创新活动的根本动力，从人性、人类社会的高度去理解和把握现实社会的市场需求、价值创造及商业活动是 HCR 的指导思想和核心目标。

2. HCR 核心内容

当然，以人为中心的研究并不是忽略技术及商业活动方面，而是强调把人放在研究的中心，并融合技术与商业因素来把握富有实效的价值创新。HCR 的核心内容主要包括以下几方面。

（1）社会环境分析。社会环境分析主要是对创新活动所拟解决的社会领域问题背景进行分析，一般包括社会宏观环境（尤其是社会文化因素）、待解决问题背景（利益相关者及其影响因素等）、行业技术及商业特点等。分析的主要目的是帮助创新实践者把握所拟研究对象的背景因素、梳理问题线索并厘清问题脉络，为准确洞察用户需求提供支持和判断依据。

（2）心理学理论及需求洞察。人本主义心理学、设计心理学、行为科学等构成了 HCR 研究的核心理论基础，具体实施过程中要求创新实践者具备深厚的心理学知识和敏锐的分析识别能力，包括需求层次论、双因素理论、成就动机理论等在内的经典心理学理论，为 HCR 提供了坚实的理论基础。设计心理学的发展应用提供了更为具体的应用范围和路径，对研究对象在特定环境下心理行为状态的剖析有助于我们理解洞察其相应的需求。

（3）人与环境的交互研究。随着科技进步及人类社会的发展，人们工作和生活的环境都发生了和发生着巨大而快速的变革，人类工作环境设备、机器、人际互动的方式都愈来愈复杂多变。所以，人与环境（机器设备、工作生活场所设施、流程秩序等）相互融合，而不能独立存在，所以人与环境相互融合作用也需要被 HCR 考虑在内，当下国际国内备受关注的人工智能、大数据技术等无一不是人与社会环境交互融合的产物，因为 HCR 的研究必然要更多地关注交互过程因素。

（二）HCR 与同理心洞察

在 HCR 的各环节中，同理心洞察是最为核心的一环，要求我们设身处地，站在我们研究对象的角度体会其情绪感受、理解其心理行为及思维状态，实现对其的理解洞察。同理心洞察的主要挑战就在于我们每个人都具备主观性，同时人际关系因素也会给我们有效理解他人带来影响，而创新实践者则必须能够真正理解用户的内心来实现对需求的洞察，因此，我们需要遵循心理学等相关理论并采用高效的工具方法来实现同理心洞察，达到 HCR 的研究的目标。

当然，实现同理心洞察是一个非常具有挑战性的工作，需要非常专业的知识背景和科学的研究工具。设计思维创新吸收借鉴了社会科学领域，尤其是心理学领域的各种研究工具，创新理论专家及实践者也持续推出各种方法手段，后文会详细予以介绍。

三、HCR 研究方法

设计思维遵循“以人为中心”的研究理念，贯彻心理学的基本原则，所采用的研究方法也很丰富，而且也在不断随着实践的变化持续创新。需要强调的是，设计思维创新的研究与调查，区别于传统社会科学领域的研究调查，追求准确定位问题和信息的来源，规避诸如大样本调查法等存在的无区别性调查，提前把与待解决问题不相关、信息不相关的弊端有效规避。我们在这里重点介绍在设计思维创新实践过程中所广泛采用的几种方法。

（一）深度访谈法

深度访谈法是调查研究最常用的一种方法，是指通过与被研究对象面对面地深入交谈来了解用户的心理需求和行为特征。访谈法具有较好的灵活性和适应性，可根据需求的不同而灵活调整，既可进行事实的调查，也可进行意见征询和情绪探测，可以实现多种复杂的目的。在设计思维创新过程中，更强调访谈的深度，也就是要通过访谈，深入了解被访谈对象的心理、动机、行为、情绪等方面，以实现对被访谈对象深入而全面的了解，重在把握其情绪体验与心理动机，为把握其需要奠定基础。实践中，深度访谈有着较为规范的步骤和做法。

1. 确定访谈对象

访谈对象的确定是访谈的第一步，能否精准地锚定合理的访谈对象极大地影响着后期所获得信息的质量。访谈对象的选择主要以访谈所拟达成的目标为指导思想，按照解决问题所涉及的人员来选择。从 W 型问题解决思路的角度，我们在上一章中给出了基于利益相关者分析方法来确定研究对象的基本方法，并提供了 6 大类研究对象的分类依据，可以作为确定访谈对象的方法工具。

设计思维创新聚焦于解决 W 型问题的解决，并秉承人本主义理念，强调问题的存在是因为人存在未被满足的需求、未完成的工作、未达到的目标、未实现的体验等。如果能够解决人的问题，使得满意度提高甚至超越现实期待，那么问题必然不复存在。因此，从问题出发分析问题所涉及的利益相关者，并把访谈的重点放在 6 大类关键对象身上，可以有效规避传统的市场调查大范围样本调查的弊端，比如无效样本、信息噪音等，实现精准定位信息来源，提高访谈的效率和信息的质量。

2. 制订访谈大纲

在确定了访谈对象后，预先根据访谈所要达成的目标，制定访谈大纲是一步非常重要的工作。一般来讲，访谈大纲的主要内容包括被访谈对象的基本信息、环境因素、心理行为动机、当前状况、理想状态等几个方面。在具体实施过程中，访谈大纲的制定应关注并完成以下几个方面的事项。

• 访谈目标与总体框架

访谈目标源于拟解决的问题，创新团队应贯彻问题和目标导向的原则，在设计主题制定环节把研究目标界定清楚（尽管随着研究的深入会持续迭代甚至否定），进一步细化为访谈目标，并进一步借助相关理论成果维度化、流程化。实践中，诸如用户旅程图、前文所述 TPCV 模型、5Es 模型等都可以作为访谈大纲的总体框架，在这个框架下，创新团队可以结合问题的背景等针对性地设计具体的问题，最终形成访谈的具体问项。

• 访谈对象及环境条件

访谈大纲应明确标识被访谈对象的身份信息，也即可以提前确认的用户个人基础信息（包括姓名、职业、教育、性别等较为基础的信息），并把握进行访谈所应具备的环境条件，比如场所位置及设施、录音及视频采集条件等。

• 核心问题与注意事项

访谈的核心问题是关键，决定着访谈成功与否，访谈大纲中应清晰明确地列举所要探询的核心问题，尽量清晰和仔细，尽管不可能事无巨细都囊括在大纲中，但也应尽量涵盖访谈的重点与关键细节。总的来说，核心问题必须确保能够帮助创新团队获得被访谈对象的心理动机、特定场景下的行为习惯、现况及预期、个性化需求及期待等信息，达到理解洞察被访谈对象的根本目的。

同时，访谈大纲还应对保证访谈能够顺利进行的注意事项予以说明，包括访谈的背景和目的、尊重隐私与保密承诺、录音与视频采集、时间地点、致谢等相关事宜。注意事项既有提醒访谈团队的作用，亦可起到与被访谈对象沟通交流达成访谈约定的作用。

要说明的是，访谈大纲尽管不要求有统一的模板，但是也要尽量包含上述诸方面。当然，也可以把访谈大纲融合到访谈记录表中，不过要注意整体幅面的便利性和美观。一个访谈记录的示例，仅供参考（见表 4-1）。

表 4-1　访谈记录模板

<table>
<tr><td>主　题</td><td></td><td rowspan="2">观察重点：</td></tr>
<tr><td>设计挑战</td><td></td></tr>
<tr><td>观察/访谈对象</td><td></td><td rowspan="2">访谈大纲：</td></tr>
<tr><td>观察/访谈地点</td><td></td></tr>
<tr><td colspan="2">组员：xxx、xxx、xxx　组长：xxx</td><td>日期：xxxx. xx. xx</td></tr>
</table>

3. 访谈过程与实施

在制订完毕访谈大纲以后，创新团队就要厘清访谈流程并实施访谈。具体来讲，访谈的基本流程步骤是：

第一，访谈前的准备。在正式实施访谈前，创新团队应做好充分的准备工作。主要包括：确定访谈小组成员及合理分工、与受访对象沟通各方面的注意事项、确定访谈进行的具体时间地点与条件、访谈小组内部沟通流程与技巧、准备酬金与礼物，以及音视频采集器材工具、临行前进行模拟演练并优化具体实施流程与方法等。

第二，实施访谈。准备充分后，访谈小组与受访者会面。应注意的是小组应提前 15 分钟以后到达约定的地点，在保证社交礼仪的同时，亦可以有充分时间做好相关准备工作。访谈开场前，除了必要的寒暄、热场外，应注意快速把握受访者的性格特征、语言习惯、爱好与倾向等，以调整沟通的方式；在访谈进行过程中，注意观察受访者心理、行为状态，及时调整对话策略，以保证受访者的状态在线。

第三，深度洞察。访谈的核心目的是要深度理解和洞察受访者的真实信息和深度体验与感受。主访人应致力于让对方畅所欲言，提供尽量全面、详细的信息，并能够敞开心扉表达自己的真实感受。一个典型的评价访谈是否达到深层次的标志就是受访者是否可以自然地流露自己的情绪，包括快乐、悲观、失望、愤怒等，这意味着受访者可以深度表达。

第四，访谈记录整理。访谈过程中，由专人进行记录并适时补充问题，要求记录者具有比较优秀的速记能力、归纳和表达能力。访谈结束后，团队成员应该团结协作，一起回顾整个访谈过程，互相帮助回忆并丰富记录。

第五，访谈总结与报告。在有能力和必要的情况下，访谈团队可以进行一定总结并撰写报告，以全面反映访谈的目标、过程、方法、信息等，作为下一步工作的依据、档案查阅和共享讨论使用。

4. 访谈技巧

访谈过程中，为了达到深度挖掘受访者信息的目标，需要掌握并运用一些技巧，促进访谈的顺利、高效完成。我们所推荐的技巧主要有如下几种。

（1）开场的技巧。幽默的语气、可接受的玩笑、天气与公众新闻、倒水与泡茶，以及共同关心的话题等做法都有助于迅速开场，塑造信任、轻松与快乐的氛围。

（2）氛围调节技巧。访谈过程中，尽量避免涉及个人隐私（除非其主动分享）；如果时间比较长，可以在对方疲劳时适当休息，用些茶歇等；间或以幽默的语气调动对方的情绪；可以给予鼓励但不可以预先做过多的评价与判断，保持中立为好。

（3）深度对话技巧。实现深度的沟通与对话，需要深厚的功底和长期的历练，在心理辅导和教练引导实践过程中，有不少专门的对话技巧可以借鉴，如非暴力沟通法（NVC）、焦点讨论法（ORID）等多种工具，当然这需要预先的学习与训练。

（4）发问的技巧。为了获得深度的信息，在充分运用各种对话技巧的基础上，建议主访人始终带着请教的心态发问，采用发问工具，诸如 5-why 的方法，连续追问 5 次“why”以获得深层次原因的理解与思考。当然应该注意把问题转化为非常自然，避免唐突或者具有侵犯性意味，以防引起对方不适，影响访谈的进行。

（二）观察法

深度访谈是应用最为广泛的用户研究方法，但是很多情况下，用户很难给到真实的想法和真实的需求，当然这里并不是说用户“欺骗”了我们，而是很多在非自然真实场景中，被访谈对象限于自身的理解表达能力、群体压力、隐私保护等约束因素都会影响到被访谈对象的真实呈现，甚至在某些特异性条件下，被访谈对象往往也并不能了解自己的需求，对自身的心理行为也缺乏了解。为了突破这些不利影响，在用户研究中，往往采用观察法来予以弥补。

观察法是指研究者根据一定的研究目的、研究提纲或观察表，用自己的感官和辅助工具去直接观察被研究对象，从而获得资料的一种方法。科学的观察具有目的性和计划性、系统性和可重复性。观察一般利用眼睛、耳朵等感觉器官去感知观察对象。由于人的感觉器官具有一定的局限性，观察者往往要借助各种现代化的仪器和手段，如照相机、录音机、显微录像机等来辅助观察。

1. 观察设计

为了确保达到观察的目的，创新团队需要对观察进行精心的设计，在社会科学研究中对于观察设计有诸多讨论，这里主要强调在设计思维创新实践中观察设计所聚焦的观察目标与框架。观察的目标指的是本次观察所拟获得的问题答案信息，一般来自原始的待解决问题，基于问题所进行的观察事项的结构关系就构成了观察的基本框架。观察设计常参考的观察框架有 AEIOU 框架、5W1H 框架等。

• AEIOU 框架

AEIOU 框架即包含了如下五个方面的观察事项及内容。

（1）活动（activity）：为达到任务目标而采取的各种行为动作。比如：一般都采取哪些行动和步骤？经由哪些途径来达成目标？

（2）环境（environment）：活动或行为发生时周遭的综合环境情况，往往指代相对比较软性的非硬件空间、氛围等。比如：描述一个场所的气氛和功能，其属性是个人，还是公共空间？

（3）互动（interaction）：发生在一个人与另一个人或物之间的相互作用，是行为活动的基本要素。例如：人与人、人与物在同一环境或分隔两地时，会有怎样的例行性互动行为或者是特别的互动行为？

（4）物件（object）：环境的基本硬件条件，有时会有复杂或非预期的用途、功能、意义。例如：每个人在自己的环境中拥有什么设备或者装置，这些跟他们的活动产生有着什么样的关系？

（5）使用者（user）：指的是行为、偏好和需求受到的观察人。例如：现场有谁在？他们的角色和相互关系为何？他们有什么偏好和价值倾向？

• 5W1H

5W1H 分析框架也叫六何分析法。早在 1932 年，美国政治学家拉斯维尔首先提出“5W 分析法”的基础上，经过人们的不断运用和总结，逐步形成了一套成熟的“5W＋IH”模式。现在作为一种思考方法，也可以说是一种创造技法，在企业管理、日常工作生活和学习中得到广泛的应用。

5W1H，是对所拟研究或者实施的事项，从原因（何因 Why）、对象（何事 What）、地点（何地 Where）、时间（何时 When）、人员（何人 Who）、方法（何法 How）六个方面提出问题、分析研究及进行思考等。

AEIOU 框架和 5W1H 框架为创新团队设计观察事项和内容提供了较好的结构化参考依据。当然，实践中尚有很多可以参考借鉴的结构化框架工具，比如用户旅程图等由创新团队依据实际情况参考使用。

2. 观察方法

设计思维调查研究常常采用观察法进行研究，不少情况下也需要采用访谈与观察相结合的方法，以获得更为充分的信息。为了能够突破一般观察法所受到限制因素，剔除被访谈观察者本身限制因素、环境因素等，参与观察法与潜影观察法也常常被采用。

(1) 参与观察法。参与式观察，指研究者深入到所研究对象的生活背景中，以暴露或者不暴露研究者真正的身份，往往以与被研究对象相同的身份参与社会生活场景，完全融入被研究对象的当前情景状态，实现实地观察。

(2) 潜影观察法（也称掩饰观察法）。管理学领域著名的霍桑实验告诉我们，如果被观察人知道自己被观察，其心理行为会产生变化，导致观察到的结果与自然状态会产生差异，调查所获得的数据也会出现偏差。潜影观察法就是在不为被观察人、物，或者事件所知的情况下私下实现对他们的行为过程进行观察。

（三）受测者自我记录

当获得信息所需要时间较长，或者观察无法在特定时间进行观察（如设计被研究对象的个人隐私）时，把观察和记录的过程交给被研究者自行开展是一个较为优秀的替代方法，借以帮助创新团队了解被调查对象的经验过程、心理动机、行为模式等综合数据。自然科学领域应用也比较广，典型的如医生所采用的 24 小时动态心电图、理化试验观测等，往往要结合机器实现长时持续且保护隐私的观察。

（四）文献分析法

文献研究分析方法在社会科学领域广泛应用，是指通过对收集到的某方面的文献资料进行研究，以探明研究对象的性质和状况，并从中引出自己观点的分析方法。在设计思维创新过程中，一般通过系统的把握相关领域的专利布局、产品开发与技术发展趋势、市场态势等，帮助创新团队实现对可能创新方向的理解洞察。

四、研究方案设计

如前文所述，设计思维创新首先需要确定待解决问题及创新目标，进而形成总体研究框架并初步提出设计主题（或称设计挑战），然后根据问题的类型与属性选择合适的研究方法，探索问题的解决方案。在具体实践中，创新团队需要在确定所拟解决的问题后，先后开展研究目标与对象确定、明确研究内容与方法、制订研究计划并付诸实施等工作。

（一）确定研究目标与对象

研究目标和对象的确定是创新团队在明确了待解决问题之后，进一步转化为研究目标并付诸实践的关键工作。

1. 研究目标

研究目标源于所研究的问题，决定了未来创新实践的方向和目的，研究目标的确定需要关注以下几个方面的事项。

（1）研究目标的呈现形式：实践中多以设计挑战、设计主题、设计冲刺等形式出现，是对待解决问题的具体化，明确并强化了实践的方向。

（2）研究目标的表达方法：多以疑问句的方式出现，有助于增加创新团队的使命感，提升导向性。

（3）研究目标的涵盖内容：研究目标所涵盖的内容不宜过于繁琐，尽量精简，但应综合考虑待解决问题的复杂性，能够涵盖关键要素并有助于深度启发理解洞察被研究对象所存在问题的根源。

2. 研究对象

研究对象是创新团队所要通过访谈观察等方式获得信息的个体或者组织，前文已从研究框架与 6 大类研究对象的维度进行了介绍。实践中，创新团队不太可能穷尽所有有价值的研究对象，从成本和价值的角度来说也无助于优化工作效率。整体来说，研究对象的选择需要参考的原则如下：

（1）价值性：能够提供权威、可信、全面的信息，为解决问题提供有实际意义的答案。

（2）可行性：在信息获取的过程中，配合度高、成本低、便于开展访谈观察等工作。

（3）效率性：有助于快速高效地获得信息，减少工作量（包括时长与频次）等。

当然，在实践中，从获得创新意义和价值的角度来说，创新团队应尽可能多、尽可能全地获取多个领域研究对象的意见和建议、体验与反馈等，以有助于创新成果的适应性和有效性。

（二）明确研究内容及方法

研究内容和研究方法是对研究问题的进一步细化和方法手段的具体规定，也是实质性开展具体创新研究和探索工作的最核心一环。

1. 研究内容

研究内容是研究目标的细化，设计思维创新强调探索问题解决的价值和意义，不同理论学派和实践者采用不同的研究框架，当然研究框架也会因问题的属性存在较大差异。不论采用哪一种研究框架，总体上讲研究内容至少应包括：

（1）现况与差距：把握被研究对象及其相关问题的现状、过程、情绪体验等是怎样的？存在哪些差距？待完成的工作、未完成的任务有哪些？

（2）问题的表现：上述差距或者问题如何表现出来？导致哪些典型的矛盾、冲突、不满、怨恨、焦虑与担忧？

（3）背后的原因：是哪些人、哪些因素、哪些行为造成了差距和问题的发生？根源性的动机和行为有哪些？

（4）理想的状态：当下问题的最理想状态应该是怎样的？各利益相关方最期待的状态和事实有哪些？

2. 研究方法

上文对设计思维创新常用研究方法做了介绍，每种方法都有其独有的优点与不足，在实践中选择哪种方法，主要依据创新团队的问题属性、研究目标、研究对象的特征等灵活抉择。方法选择应遵循的原则有如下几方面。

（1）通用产品创新领域（如交通、文体）：以访谈法为主，观察法为辅助，文献研究等方法酌情参考使用。

（2）体验产品创新领域（如饮食、旅游）：访谈观察结合使用，适当增加自我体验观察方法。

（3）互动产品创新领域（如保健、娱乐）：访谈观察结合使用，重视自我体验与观察记录，强化深度访谈与沟通。

（4）价值共创创新领域（如教培、心理治疗与辅导）：重视客户体验，以其自我体验与观察记录为主，以访谈与沟通为辅。

当然，这些原则并不是绝对的，仅供参考，实践中应以有效性和效益性为主要标准，灵活选用适当的研究方法。

（三）研究计划

同许多工作一样，设计思维创新对问题及用户的研究也应该制订相对合理可行的计划，这并不是一个很新鲜的话题，所以我们只强调研究进程的安排及应该注意的辅助措施。

1. 研究进程安排

整体上讲，设计思维创新开展问题及用户研究的关键进程包括：①选定研究领域及问题；②问题分析并明确研究目标；③制订研究框架；④研究对象筛选与确定；⑤选择研究方法：制定访谈大纲、观察表、研究计划；⑥研究筹划与实施；⑦数据资料整理与分析。

2. 辅助措施安排

为了确保研究进程的顺利实施，实践中有些辅助措施应当引起足够的注意，以保证研究的效率与效益，这些辅助措施包括但不限于以下内容。

（1）战略沟通：主要指的是创新团队应与组织的高层保持有效沟通，创新实践应吻合组织整体战略，以保证创新实践获得长期稳定的支持。

（2）团队建设：应注意创新团队的文化建设，选择优秀的领导者并发挥团队智慧，持续优化团队协作与高效沟通，提升创新执行力。

（3）外部合作：借助外部智力资源与获得研究信息必须通过外部协作来实现，所以需要创新团队充分挖掘、广泛开发组织的外部协作资源。

（4）预算管理：工作的开展必然需要付出成本，创新实践所需要付出的成本更多，研究过程是一项非常耗时耗力的工作，需要创新团队做好预算管理，防止中途预算不足，前功尽弃。

（5）后勤辅助：包括访谈大纲、观察记录等材料的准备，酬劳与礼物筹措与选择，音视频采集设备、文件夹、纸笔等工具的准备。

五、研究实施与数据收集

研究实施是对计划的落实，不管是采用哪类研究方法，都需要做好相应的人员安排及相应的保障工作，当然在具体实施过程中会存在细节上的差异。

（一）研究实施

1. 人员分工

人员分工是保证效率的一项重要工作，以团队成员间高度协同、充分发挥个体优势、互相帮助为指导原则。

（1）访谈法。访谈法一般需要组成 3 人小组，分别承担主访、记录、观察采集的工作。其中主访者应具备优秀的语言表达能力、换位思考能力、灵活应变能力，应当善于倾听、调动情绪、深度探询与洞察。记录者应具备较好的书写能力、总结和概括能力，如能具备速记、视觉记录、思维导图等专业技能则更佳；观察采集者除了应该具备娴熟的设备使用技能，还应善于捕捉细节，敏锐地把握被研究者的情绪等隐性信息，并辅助主访者实现深度访谈。

（2）观察法。观察法的具体应用有多种方式，但都需要观察者具备敏锐捕捉信息的能力，尤其是能够理解洞察被研究者的情绪体验、心理动机、思维模式等深层次的隐性信息。参与观察法要求观察者能够快速调整角色，既能融入被研究者的情景，又能置身事外以旁观者的身份进行观察与思考。潜影观察法则对观察者的综合能力提出更高要求，在实践中需要注意尊重法律和个人隐私，更需要灵活地调整自身行为，在一定程度上能够快速切换角色，实现各种角色的即时扮演。

（3）受观测者自我记录。这种研究方法对研究者的现场能力没有太多要求，因为访谈者往往并不在事发现场，而是要求研究者具备更为敏锐的识别和洞察力，对已采集到的视频等素材，既能快速略过无效信息，又能聚焦并捕捉到关键情景或细节。

2. **研究保障**

保障研究的顺利进行需要很多辅助工作，在前文关于研究计划部分已经对辅助工作做了较为全面详细的介绍。另外，从具体研究落实层面，我们补充介绍有关研究保障的有以下几个方面。

（1）环境条件：访谈与观察等方法对现场环境和设施条件都会提出要求，尤其是需要进行情景化访谈观察时，是否能够找到合适的人、环境氛围是否有利于开展较长时间的深入对话，否则容易导致外部因素干扰甚至打断研究进程。在实际操作中，建议创新团队能够尽可能的预先充分了解目的地环境，做好相应的准备。

（2）事先联系：与被访谈者预先取得电话或者视频连线，至少是部分信息沟通，可以起到预防意外事件发生的作用，比如事先沟通关于访谈时间、地点、目的、音视频采集、报酬等基本信息，有助于提高工作效率，并消除意外事件隐患。

（3）隐私保密：对被研究对象开展深度的理解洞察必然会大量触及个人隐私，如果缺乏事先的隐私契约甚至过程中的强化承诺，被研究者很容易受到隐私被侵犯的影响而做出保守性的自我保护行为，影响研究目标的实现。

（4）过程控制：在研究进行过程中，应设置阶段性的控制措施，比如里程碑、进度表等各种列表，通过采取现场控制、反馈控制、进度控制等措施，及时采取措施纠正偏差、补充资料和信息，以确保访谈过程顺利完成。

（二）数据收集

研究过程中获得的资料和信息数据需要及时收集，并做整合分析处理。设计思维创新采用访谈观察等获得的数据，一般采用两个路径的处理模式。

1. 数据收集方式

社会科学研究领域关于数据收集的方式有很多，在此不必赘述。鉴于在设计思维创新的调查研究中，获得的一手数据有可能是以文字记录为主，也有可能是以录音为主，因此就形成两种相应的一手数据收集方式。

第一种是文字记录资料，是以文字记录为主，辅之以照片等材料，一般是在不能或未获得录音或者视频采集许可的情况下所才用的较为初级的数据收集方式；第二种是录音数据资料，辅之以文字记录、照片或者视频资料，可以获得全面的一手数据资料，具备重复分析利用的条件。

2. 数据整理与分析

完成一手数据资料的采集后，创新团队内部需要进行共享，然后进行对比组合，对数据进行整理与分析，依据一手数据资料是文字记录资料形式还是录音数据资料形式，形成两种相应的数据整理分析路径。

- 文字记录资料

原始的文字记录一般会在访谈观察结束后，由创新团队集体对文字记录进一步回忆并补充丰富，尽可能地丰富完善相关细节。这一过程有几个小步骤来构成。

（1）族群分析：创新团队共享数据并进行组合，对所有文字资料按照团队共同认可的方式进行分项亲和，将有关被调查对象的故事、遇到的问题、所说的话及所发生的一些细节，进行分类组合，有点类似于分类并找亲戚的方式，其成果是形成许多描述被研究对象的心理动机、行为模式、个性特征等各种特性成分。需要强调的是，这一过程中，不同团队进行数据亲和所采用的依据不同，结果往往差别也很大。

（2）人物志：依据调查对象的不同形成复合性格人物，也即根据实际情况选择进行合并或者增减复合性格人物，并以标签化的方式做出人物画像。

需要强调的是，人物志是利用角色描写的方式，建构出“目标用户”的模样与细节，并以此为根基，贯彻“以人为中心”的设计思路，在目标导向指引下有针对性地开发出符合既定“真实使用者”需求的产品、服务或流程，因此就在一定程度上保障了创新产品有人买单，降低失败的风险，翻转过去先研发产品、创新设计，而后才开始思考可能的目标市场或顾客的方式。

（3）情景故事：在复合性格人物的基础上，允许一定的合理推理，通过完整回忆并补充完善相关细节，打造丰满的人物情景故事，使之具有高易读性、传播性和触动性。情景故事依据需要而设计，弹性相当高，没有放诸四海皆准的操作型定义。但具备两项特性：它是有顺序地描述一段过程、一些动作或事件；它是以叙事方式（Narrative）对活动做有形的描述，简单地说，情景故事是依照时间顺序将一些动作及时间的片段描述，进而串联而成。

（4）数据提取：创新团队成员合作，以特定方式通读情景故事，对情景故事中的关键信息，依据前期所确定的研究模型中的关键事件进行标示，并确定所属类别，根据其属性逐一提取出来，采用便签贴、剪纸等团队喜欢的方式复制出来，留待下一步进行同理心分析使用。

• 录音数据资料

录音数据资料一般需要借助转换工具从音频转换为原始的文字逐字稿，目前市面上有多种应用 APP 可以实现这一功能。在获得原始文字资料后，创新团队需要对这些逐字稿进行整理，主要步骤如下：

（1）初始整理：主要结合原始录音，对逐字稿进行初步的调整，包括确认讲话人、段落整理、错字修正等工作，形成较为规范、容易阅读的文稿。

（2）逐字分析：组织团队成员，按照一定的合作方式，对文稿中的关键信息依据研究模型中的关键事件进行标示，并确定所属类别，这一过程有点类似于社会科学研究领域的扎根编码。

3）数据提取：把标示好的信息，根据其属性逐一提取出来，采用便签贴、剪纸等团队喜欢的方式复制出来，留待下一步进行同理心分析使用。

【扩展阅读】焦点讨论法（ORID）

在目标用户调研访谈实践中，如何更好地促进被访谈者敞开心扉，畅所欲言，把其经历、体验、感受甚至其思维状态呈现出来，是我们做访谈所努力追求的目标。关于对话的工具和技巧有很多，包括非暴力沟通（NVC）、焦点讨论法（ORID）等。焦点讨论法由于其非常清晰的逻辑结构、符合人类认知心理学的流程而往往可以帮助我们达成高效率的沟通效果。

焦点讨论法（Focused Conversation Method），是一种通过主持人（催化师、引导讲师）引导来开展的结构化汇谈（会议、交谈）形式。该方法常被用作对事实进行分析和感觉，进而促进思考反思和付诸行动的工具方法。主要由四个显著的阶段来构成：O（实践——客观事实）、R（感受——客观反射）、I（意义——事实分析）、D（行动——基于事实的下一步行动）。

O—Objective：客观事实是什么？发生了什么？看到了什么？听到了什么？有哪些客观事物？这种基于事实的问题，众所皆知，没有难度，受访者很容易描述出来，容易回答，毕竟是自己亲身经历的事情。同时，也是尊重客观事实，实事求是，从事实入手看问题。

R—Reflective：对此事情的感受是怎样的？当时是怎么反应的？有什么感受和情绪的变化？这种方式从事实基础上，针对具体事件容易激发受访者打开感性的一面，因为事实的再现，必然会勾起人们的回忆和情感。这里注意多引导对方来描述心情，如“喜、怒、哀、乐”等。

I—Interpretive：你是如何看待这件事情的？你觉得原因是什么？事情发生的过程和路径为什么呈现特定的状态和属性？这件事带给我们的思考、意义、启发是什么？在受访者充分表达和释放情绪以后，自然就会转移到理性思考，符合从感性认知到理性认知的过渡流程。

D—Decisional：你打算怎么办？你的决定是怎样的？你将采取哪些措施？未来我要怎么做？这里就是在对方做了理性思考以后，进一步引导对方探索对方的心理、动机和行为的方向。

举最简单的例子来说，一个典型的ORID过程可以是：我今天上班途中突然遇到一条狗（O），我很害怕（R），为什么这里会有一条狗？因为这条路太偏僻（I），明天我要选择其他人多的路（D）。

所以，我们在深度访谈过程中，可以采用类似的方法，结合我们的访谈目标，能够帮助我们灵活地调整对话策略，获得理想的效果。

第五章　需求识别与表达

从英国设计委员会设计思维双钻模型的框架来看，前期经过深入细致的调查研究与数据收集，创新团队完成了第一个钻石模型中的发散部分，也就是为了解决问题，对问题所涉及的利益相关者进行全方位的分析、调研，并向众多相关行业专家、各类用户开展调研工作，获得尽可能全面综合的信息，形成了问题调研阶段的最终成果，也就是前文所提到的文字记录数据或者录音数据资料。本章内容主要介绍在初始数据资料的基础上，进行数据的精炼与收敛，凝练出最具关键价值的信息，并利用这些信息完成对可能用户需求的深度理解洞察，并采用结构化工具予以明确表达。

一、数据精炼与收敛

在庞杂的数据中提炼有价值的信息，以帮助创新团队理解洞察被研究对象，是本阶段的重要工作。上一章中，我们已经初步介绍了依据研究框架的关键事项进行提炼的做法，接下来我们将详细介绍如何对所获得的数据进行精确提炼，以实现信息数据的收敛。

（一）研究数据精炼

1. 理念原则

数据精炼的目的是为了消除噪音信息的干扰，把握有价值的关键信息，操作过程中应遵循一些特定的理念与原则。

· 紧盯研究目标与框架

在数据精炼过程中，最大的挑战就在于依据什么进行精炼，如何总结或者概括一组信息。这个问题最根本的依据就是先前确定的研究目标及选定的研究框架，在既定目标和研究框架具体维度及事项中去定位关键词、关键句，进而提炼出来。

比如研究框架是以用户历程图为逻辑的，那么就需要创新团队依据用户历程的时空阶段分解成若干具体的动作行为，按照动作的先后次序来寻找用户在体验过程中具体维度的事项，包括用户目标、行为动作、环境、接触点、想法、情绪、感受（包括痛点、兴奋）等各方面的因素，实现对用户的全方位理解且能把握住重点。

· 简单易行、快速高效

一手数据往往处于杂乱无章的状态，而且数量庞大，在提炼过程中的族群归类、亲和路径及命名等操作时，都会在创新成员之间产生分歧。如果所采用的方式过于复杂，考虑的因素过于全面，就会严重影响决策效率，拖延创新进程。所以，根据设计思维创新强调持续迭代更新的特性，我们建议所采用的方式与动作都以简单易行、直观可视、快速高效为原则，不宜过分追求精度。所以，在具体操作中，决策方式可以采取民主集中制，具体方法采用比如强制投票、多数人占优等方法。在数据转移过程中，可以采用便利贴、彩纸、剪贴、绘图等多种可视化的模式，尽量保留数据转移的痕迹，且只提炼信息但不删除信息的原则，以备后期追诉、迭代、更新等使用。

· 积极主动、团队协作

鉴于一手数据庞杂无序，团队成员在数据精炼过程中，巨大的工作量会使得他们不可避免的出现疲倦状态，所以这就需要创新团队能够发挥团队协作的精神，积极主动承担责任并尝试采用适应于团队倾向的方式开展协作。比如可以根据团队成员特征进行分工，善于总结者进行分类命名、善于书写者负责拷贝撰写，严谨认真能力强的可以负责精选关键词等。

当然，这里仅仅提供了我们在实践中的部分经验，实践中肯定不限于此，仅供参考。

2. 实践过程

数据精炼的过程源于上一步骤所得到的原始信息，也即来自访谈观察等研究方法的一手数据，在英国设计委员会的双钻模型中处于第一次收敛的流程中。具体来讲，这一过程可以分解为如下步骤：

（1）族群分析。如前所述，如果创新团队访谈了多位同类研究对象，则需要对这些同类研究对象进行族群分析，这个过程是在结合了一手数据进行亲和的基础之上的，综合多方面因素分析研究对象是否可以归于统一族群，也就成为未来待选的目标用户。如果不需要或者不能进行归类族群的话，则可以单独进行下一步的信息处理。

（2）数据归集。不管是采用的文字记录，还是录音转文字记录，经过族群亲和步骤以后，都形成了数据精炼前的最终数据集合，属于最全面综合、数量最大的数据集，也是进行数据精炼前的最终数据。数据归集的呈现形式往往是丰富完善过的情景故事，或者是逐字稿。

（3）框架参照。依据预先确定的研究目标并参照既定的研究框架，按照研究模型框架的维度和流程，确定拟从一手数据中提炼的信息维度或者属性，可以以列表的形式呈现，亦可以由团队根据自身偏好予以明示。与此同时，创新团队可以为每一个维度或者属性赋予颜色、符号等不同的标识方式方法，如痛点用红色标识、担忧用波浪线标识等。

（4）审视核查。团队成员可以采用喜好的排序方式对一手数据分工进行逐一审视核查，并用既定的方式进行标识。分工协作方式既可以是线性重复轮排（即每个人都对相同的一手数据核查一遍），也可以结合分段分工的方式（即每人只负责相同一手数据的一部分的核查）。

这里采用的标识方式有多种，所以处理的方式会存在差异。如果采用颜色或线条标识的方式，后期就需要配合使用便利贴抄写下来；如果采用的是剪取的方式，则可以直接使用，但弊端是导致原始数据缺失。

（5）数据转移

经过以上步骤提炼出的数据，或以便利贴的形式，或以纸条等形式被转移到已经预先绘制好的同理心地图中使用，作为理解洞察的主要依据。这一过程中需要注意不同颜色或者线条标识的数据从属于不同类别，防止混淆。

需要强调的是，对于逐字稿的数据精炼有时候会采用用户分析表进行预先一次精炼，目的是为了把逐字稿过于庞大的数据信息通过增加一次精炼而实现工作的精简。

（二）同理心地图

同理心地图是一个优秀的结构化工具，帮助设计思维创新团队把经过初步精炼的数据实现进一步可视化呈现，并通过不同维度的交叉综合分析，帮助创新团队实现对被研究对象的理解洞察，探索出其情绪，识别出其多层次需求。

1. 同理心地图简介

同理心地图（Empathy Map），也被翻译做“共情图”，最初由 Xplane 公司的创始人、著名视觉思考家戴夫·格雷（Dave Gray）所开发的工具，并曾将其称为“大脑袋练习”（Big Head Exercise）。在进行资料汇整及分类的同时，小组成员可以用此工具将相关的文字、图片、对象整理成受访者/被观察者所说的（say）、所做的（do）、所想的（think）、心里感受到的（feel）四大方面，来帮助小组成员进行回想与沟通，并理解洞察被研究者的心理、动机、行为模式等。需要说明的是，初始版同理心地图中包含的 say、do 两个维度属于可以观测体验得到的显性内容，而 think 和 feel 两个维度则属于无法直接观测体验到的隐性内容，前者属于事实，后者属于推理。

不难看出，同理心地图的内容在很大程度上源自人的感觉范畴和内部心理动机活动，为了更好低帮助理解被研究者，后来，在这四个方面的基础上，同理心地图进一步迭代，补充了另外两项：受访者的痛楚、受访者的渴望。

在经过大量实践后，同理心地图在内容和板式上都持续更新，最新版本更为全面地展现了被研究者心理、动机、行为与体验的诸多因素。我们根据 Xplane 公司网站所提供的最新版本，进行了中文翻译与格式的补充与调整后，制作了一个中文应用性版本（见图 5-1）。

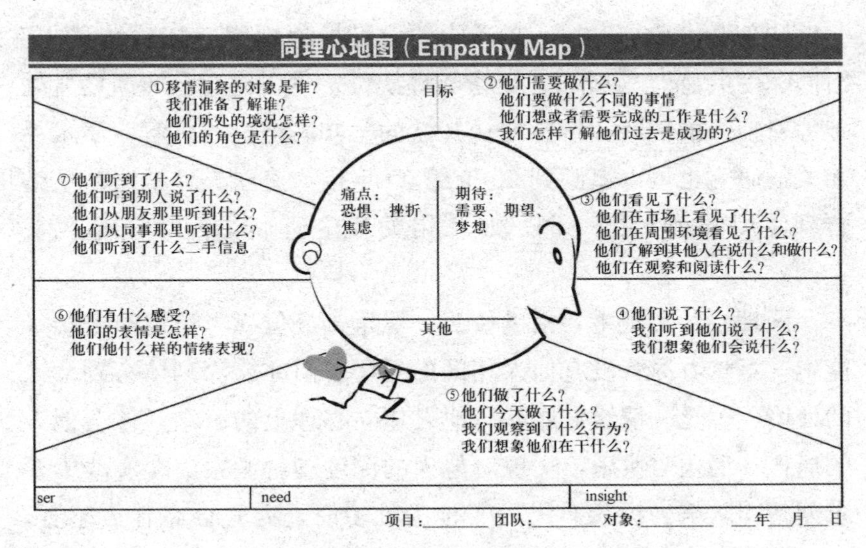

图 5-1　同理心地图

2. 同理心地图应用

创新团队在对数据进行提炼的基础上，把所提炼出的信息，分别对应同理心地图里面的相应的维度，把便利贴或者纸条粘贴进去，构成一幅全面体现被研究者的目标、心理、行为、动机与体验的综合全景地图。创新团队依据这份全景图进行合理的讨论推理、分析判断，实现对被研究者深层次需求的理解洞察。

二、理解洞察与需求界定

借助同理心地图，设计思维创新创业团队需要使用精炼的数据，把握被研究者的感官体验与内部心理动机活动，发挥专业能力，实现对被研究者的理解洞察。

（一）同理心洞察

1. 同理心

同理心（Empathy）亦译为“设身处地理解”“感情移入”“神入”“共感”“共情”。泛指心理换位、将心比心。亦即设身处地地对他人的情绪和情感的认知性的觉知、把握与理解。学术界相关的研究也可以追溯到 20 世纪 90 年代，美国心理学家铁钦纳首度使用同理心这一词，如今相关理论研究与应用正是风头正劲。

同理心的实现主要借助倾听、尊重、换位思考、情绪链接等能力，意味着尽管没有他人相同的经历，但亦能深刻体会到他人的处境、感受、情绪，能够与他人建立心理上的联结，体会他人的痛苦、渴望与快乐，实现对他人的深度理解洞察。在实践中要求创新团队努力设想自己处于他人处境时，内心会有什么感觉，对他人感觉起共鸣并能用他懂得的话进行沟通，实现了解、尊重与接纳对方。

需要强调的是，同理心不同于同情心。同情心则是一种安慰情绪的表达，是被动地和别人一起感受和面对，带有一定程度的居高临下的姿态。同情心可以视作一种感情的表达。而且同理心更强调在理解别人的基础上，采取行动与别人一起承担与体验，而同情心只是停留在道义上的关心，缺少实际行动。

2. 洞察实践

创新团队使用同理心地图的主要目的在于探索出被研究者的内心世界，操作步骤并不复杂，挑战在于同理心的实现。为了更好地帮助读者掌握同理心洞察，我们可以简单地把同理心洞察分为放空、移入、体悟三个阶段。

（1）放空。本阶段要求创新成员力求放空自己，尽量抛弃个人立场和观点，进入无我的状态。不少咨询师、培训师会使用心理咨询、教练引导等方法提高自己的放空能力，创新团队可以根据自身情况采取合理的方法来尽量实现放空自我。当然，完全放空自我也是难以实现的理想状态。

（2）移入。较为理想的状态是创新成员在高度放空（至少是放松，能够宽容接纳的心态下）状况下，设身处地、换位思考，把自己置身于（至少应该做到理性上实现）被研究者的情景中，这些情景当然就是各种可能了，包括工作、学习、社交等各种背景，把发生在被研究者身上的事件迁移到自己身上，去理解和体验被研究者的经历和体验。

（3）体悟。经过情景、事件和经历的移入，创新成员尽最大限度从个人的感官上再现被研究者的体验，实现感情、情绪的体验。简单一点来说，就是通过再现那些显性的体验（say、do）等，去体验和感悟被研究者的隐性所思所想所悟（think、feel）。同理心洞察的最核心一点就是要深刻体会到被研究者的情绪变化，识别其情绪。

（二）情绪模型与情绪识别

1. 情绪的心理神经学阐释

情绪的感知是同理心洞察的核心，因为从应用心理学的角度来看，人们的情绪受到其心理、动机及现实情况的支配，也极大程度决定着人们的行为。

心理和神经科学的研究已经证实，在大脑底部，有一个杏仁状的脑结构——杏仁体，又名杏仁核，呈杏仁状，是边缘系统的一部分，是产生情绪、识别情绪和调节情绪、控制学习和记忆的脑部组织（见图 5-2）。[①] 更重要的是，针对杏仁体所做的实验，证实了杏仁体所引发的情绪体验，会严重影响到人们的心理动机和行为，甚至起到决定性作用。

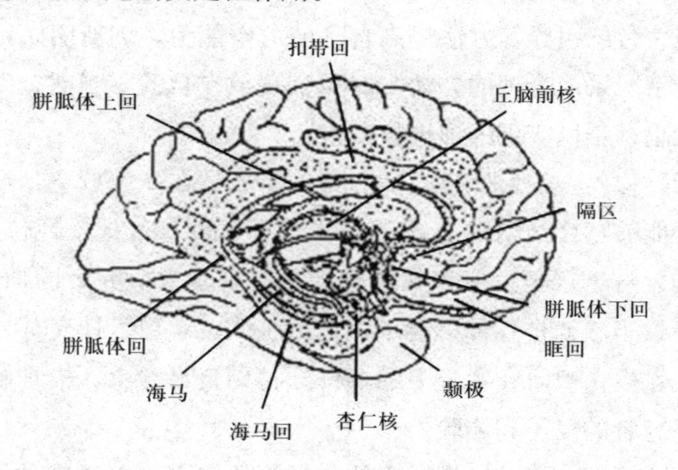

图 5-2　杏仁体示意图

现实经验也告诉我们，情绪往往对我们的工作生活起着重要甚至决定性的作用。比如非理性消费中，人们购买某种物品往往

①注：此图出自百度网。

不是因为这种物品本身质量好，而是因为让人们感觉好。生活中对于游戏、高糖食品、短视频等的沉迷更是佐证了这一点。因此，同理心洞察中，把理解和洞察被研究对象的情绪放在首位。

2. 普拉特契克情绪模型

罗伯特·普拉特契克（Robert Plutchik）为阿尔伯特爱因斯坦医学院的名誉教授，是南佛罗里达大学兼职教授，并获得哥伦比亚大学的哲学博士学位，同时他也是一位心理学家。他的研究兴趣包括情绪、自杀和暴力行为的研究及心理治疗过程的研究。他著述甚多，成果卓著，包括合著等 260 余篇文章，合著并独著有 15 本开创性成果。罗伯特·普拉特契克的情感理论是一般的情绪反应中最有影响力的分类方法之一，奠定了难以撼动的学术地位。

罗伯特·普拉特契克的情感理论是一般的情绪反应中最有影响力的分类方法之一。他认为存在八种基本情绪——愤怒、恐惧、悲伤、厌恶、惊讶、期待、信任和快乐。普拉特契克建议，这些基本情绪是原始生物进化，决定着生物体的行为。普拉特切克认为每个情绪的反映都可以通过价值观去触发一个人的行为，比如恐惧的方式可以激发人们战斗或者逃避的回应。其构建的三维情绪模型如图 5-3 所示。①

3. 情绪识别

前人的研究成果为我们开展工作提供了有效支撑，普拉特契克情绪模型给我提供了识别并分类被研究者情绪的依据，我们可以借用其中关于人类的八种基本情绪及叠加情绪的各种类型，尤其是关于情绪形成的因素构成及程度轻重，可以用来帮助我们理解洞察被研究对象微妙的情绪变化。

①注：此图出自百度网。

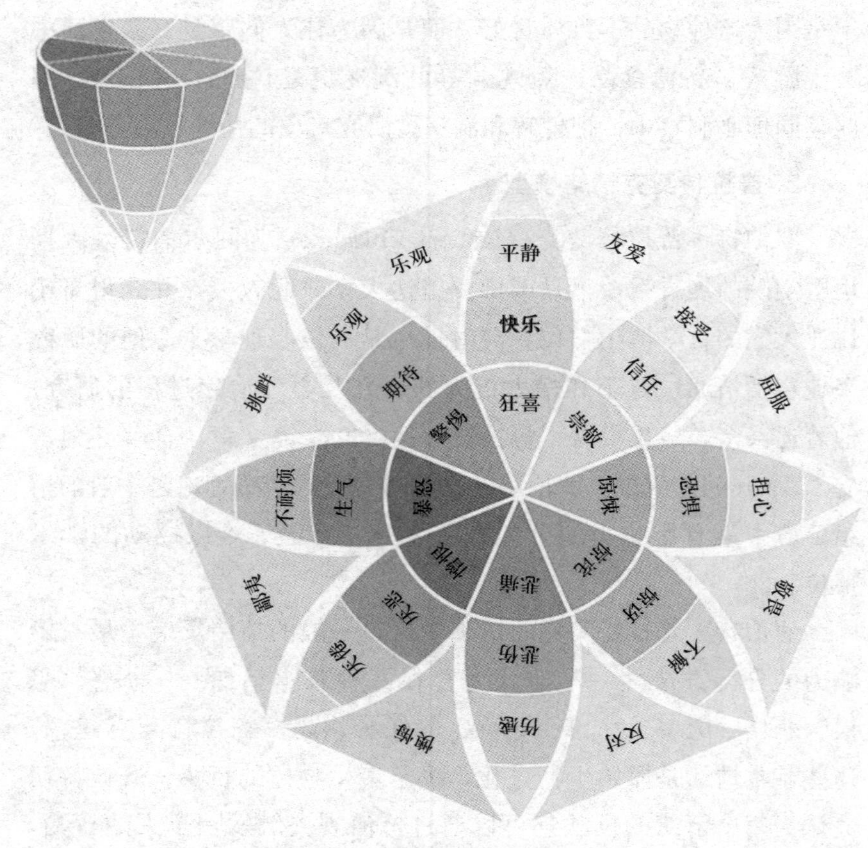

图 5-3　普拉特契克情绪模型

在设计思维创新实践中，创新团队借助同理心地图，对各维度的关键词、关键句进行细致的讨论研究，重点是把握有关情绪的词句，如激动、快乐、烦躁、焦虑、担心等，借助归纳、演绎、总分、因果等关系分析，探索出被研究者的情绪状态。

因此，设计思维创新在使用同理心地图理解用户情绪时，借助普拉特契克情绪模型可以更好地识别与表达用户情绪。我们可以通过从用户那里得来的音视频、图像等材料，利用同理心地图进行初步精炼，提取关键信息，获得用户对现状的情绪化描述的基本字眼，如“好开心啊”“爽”“烦死了”等，对应普拉特切克情绪模型，并予以立体定位，这样就可以形象地帮助我们对用户情绪进行理解与呈现传达。特别值得强调的是，普拉特切克情感模型还可以有混合方式，比如：期待＋喜悦＝乐观（对立情感：反对），喜悦＋信任＝爱（对立情感：自责），信任＋害怕＝屈服（对立情感：轻视）等。这就使得我们在一定程度上可以琢磨推演用户的实际情绪，习惯于用数学模型的朋友甚至可以采用三维立体坐标轴（x，y，z）实现数字化呈现与传达。最后我们可以把洞察识别出来的情绪对应呈现在同理心地图中。

在同理心地图的评价维度里，包含了对本研究这正、反两个方面的情绪描述，也就是痛苦（Pains）与获得（Gains）两个维度，其中前者描述的是被研究者的恐惧、挫折、焦虑等，后者描述的是想要、需要、希望、梦想得到的因素。前者可以归结为负面情绪，对人的影响往往是负面的，代表着未完成的工作、未能成功的事件、未被满足的需要等；后者可以归结为正面的情绪动机，对未来充满了正向的激励作用。可以说两者之间存在一定对应关系，创新团队如果能正确理解洞察到这些内容，那就可以为提供特定产品或服务奠定了现实依据。

（三）POV 表达与需求界定

在使用同理心地图对被研究者完成全面理解洞见的基础上，创新团队就形成了对于被研究者正面和负面情绪动机的把握，而如何实现对负面情绪动机的消除并激发正面情绪动机，就变成了对被调查需求的转换，转换的结果就形成了设计思维创新对被研究者内心需求的洞见（insight），也就形成了核心的设计观点 POV（point of views）。

1. POV 的结构与实质

· POV 的结构

POV 用以表达对未来用户需求的结构化描述，其主要结构如表 5-1 所示。

表 5-1 POV 的基本结构

一个清楚定义的对象	以“动词”表示的需求	该需求产生或现阶段无法满足的原因
User	Need	Insight

从上述结构可以看出，POV 实现了对未来用户需求的较为准确的描述。在这个结构式中，“用户（user）”确定了创新团队服务的对象，也即目标用户；“需求（need）”明确了目标用户未被满足的具体化的需求，也就可以通过市场化交易获得产品或服务而能满足的需求；而“洞见（Insight）”则是隐藏在需求背后的深层次原因。

举例来说，我们可以构建一个 POV：

小明（User）需要一个快速提升学习成绩的方法（Need）以让他可以获得同学尊重（Insight）。

· POV 的实质

POV 是创新团队对被研究者内心需求的全面把握与精准表达，并提供了两个层面的因素：一个层面是人与物质的关系因素，也就是说人们需要通过获得什么物质性因素来满足自己的显性需求，消除基本需求未得到满足的负面情绪动机，这就构成了创新创业实践中开发具体产品和服务的直接动因；另一个层面是人基于物质载体所产生的隐性需求的满足，往往是隐藏于物质背后的高层次需求，一般与人际关系相关。

所以，基于人本主义心理学角度的理解，POV 提供了创新创业团队开发产品和服务的显性和隐性、高层和低层次的需要驱动因素。所以，不论是基于马斯洛的需求层次论、赫茨伯格双因素理论，还是麦克利兰的成就动机理论或者其他人本主义理论，都为 POV 的提出和应用提供了坚实的理论基础。基于 POV 理解洞察用户所开出的产品或服务，可以实现既能满足用户的低层次需求，又能考虑到高层次需求，提高了创新的成功率，降低了创新创业的实践风险。

2. POV 的产生

实践中，复杂的问题所涉及的研究对象众多，所产生的同理心地图也会不止一个，即便是同一幅同理心地图，所可以产生的 POV 也很少仅有一个，这就需要创新者特别关注 POV 产生的数量与质量管理。

（1）POV 的产生方式。创新团队在产出 POV 时，需要发挥团队智慧，实现共创。团队共创的组织方式一般都在头脑风暴模式框架下开展，有助于团队高效思维的氛围与做法是催生优秀 POV 的重要影响因素。从组织方式上，创新团队可以根据团队特点选择合适的方式，比如偏理性的团队，可以先采取每个人自行思考探索，进而团队共同自由澄清讨论的范式，而偏感性的团队可以采取自由先自由讨论，然后互相建议的方式；从氛围营造上，团队领导者应该致力于塑造轻松、活泼但总体有序的整体氛围；从方法上可以选用包括头脑风暴法在内的各种有利于团队共创的方法，灵活搭配竞争游戏、视觉表达等各种工具方法。

（2）POV 的差异性。简单的 POV 往往目标用户较为简单，就是被研究对象本人，但从不同创新者的视角也会提炼出不同的 POV，因此所产出需求满足的物质载体、背后的洞见都可能会存在差异。而且，POV 在产生过程中，也允许基于其利益相关者的角度开发产品或服务，比如在机场携带婴幼儿及大量行李的单亲妈妈，从解决其忙乱窘境的角度来说，既可以为妈妈本人开发产品或服务，亦可以为孩子及机场工作人员开发新产品或服务，这样 POV 就会更为复杂，目标用户也发生了改变。

3. 需求界定

POV 的产生为创新团队下一步具体产品或服务开发提供了根本的目标和方向，也就是要在此对未来用户的需求予以明确界定，这一步具有极为重要的意义，所以应采取有效的措施来防止此步骤的决策失误，主要是基于 POV 的三要素进行综合性的审视。

首先，团队共同评估 POV 是否吻合组织的创新战略，与既定的研究问题是否相符，能否为解决既定研究问题做出贡献，以此来判断 POV 是否偏离了初衷。其次，POV 界定的未来用户是否清晰明确，并且与组织能力等相匹配。另外，基于 POV 能够切实有效地满足未来用户的需求，解决其问题并带来较高的满意度，尤其要关注相关洞见是否能给目标用户带来真正的高层次需求的满足，提供高品质的意义与价值。最后，最为核心的是，POV 是否与分析问题初期所提出的设计主题相呼应，是否需要或者可以进行适当的调整与迭代。

三、确认创新价值目标

把对未来用户拟定的理解洞见（POV）转化为组织的创新价值目标，使得偏向于研究的用户洞察变成了可以落地实践的用户价值创造，并结合创新创业团队的实际情况进行科学合理的战略布局与规划，是创新团队在此阶段所应努力完成的工作。

（一）确认创新价值目标

1. 启发式 HMW 表达

设计思维创新实践中，主要借助一个启发式的工具来实现用户研究领域的 POV 向用户价值创造实践领域的转变，也就是 HMW。HMW（How might we）即“我们可以怎样”，从其英文构成的三个单词所代表的要素分析，这其中：

How：表示我们假设问题是可以解决的，只是我们尚不知道如何解决，是需要下一步努力进行探索的，是我们共同努力的方向。

Might：暗示现在讨论的想法不用太完美，指出大概有哪些方向即可，问题应该有很多的解法，我们可以有很宽广的创造空间。

We：强调团队的重要性，不是单一成员的努力就可以解决问题，是需要整个团队的力量才可以解决这个问题，需要团队协作共创。

之所以实践中倾向于采用这个结构化小工具，是由于该工具具有显著的优势。首先，它以问句的方式，具有挑战性、启发性并有助于激发好奇心；其次，不追求完备和确定的态度可以有助于创新团队在自由的氛围中自由畅想，打开思维；最后，它可以突破固有思维逻辑方式，开拓思维和视野，跳出单一模式的约束，在同一个问题上可以发散性地对多个方向进行剖析，促进创新者使用最佳的措辞提出正确的问题。

特别强调的是，从 POV 向 HMW 的转化，遵循一对一的模式比较简单、直接、高效，但也有可能束缚创新者的思路，所以实践中亦可以从利益相关者的多角度出发，针对同一个 POV，产生基于不同目标用户的 HMW。

以上述 POV 为例，我们可以构建 HMW 为：我们可以怎样为小明提供一个快速提升学习成绩的方法以让他可以获得同学尊重？

2. HMW 审视与评估

实践中，创新创业团队大都会基于同一个问题产生若干甚至数十个 HMW，大型组织内部创新活动产生的 HMW 会更多，那么如何进行筛选并且对其实现的先后顺序进行决策呢？这个问题就变成了如何就多个方案进行决策的问题了。

从决策学的角度来说，社会科学领域有许多可供选择的方法，这里我们提供应用性较强的几种方法供读者参考使用。

（1）重要性—迫切性二维度法。即从重要性、迫切性两个维度进行高低评价，形成一个四象限矩阵，有点类似于时间管理中对事件优先次序的判断，然后决策排序，这种方法非常容易理解，也容易实行。

（2）价值—成本法。即从价值创造及相应的成本两个维度进行高低评价，在高低评价上，可以采取 5 点、7 点等适宜评价尺度，最终形成一个四象限矩阵（见图 5-4）。

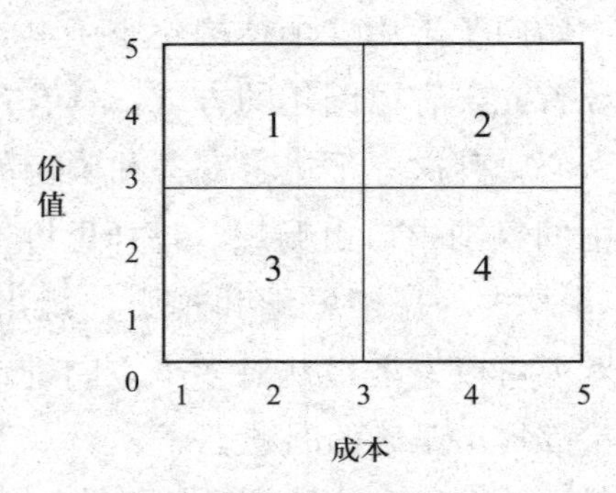

图 5-4　价值—成本二维度评价

从图 5-4 中可以看出，处于第 1 象限中的选项所创造的价值高、成本低，第 2 象限中的价值高、成本高，第 3 象限中价值与成本均低，第 4 象限中的价值低、成本高，所以理性决策者自然会按照 1、2、3、4 的顺序选择排序，一般 3、4 两象限在实践中都属放弃的选项。

（3）主辅—同异功能法。本方法指的是创新开发的成果对于用户来讲，所提供的价值是主要还是辅助功能，在整个市场上是同质的还是异质的功能而言。在其他条件都给定的前提下，创新创业团队进行抉择。我们认为，需要考虑组织的性质与创新团队的实际情况来选择。对于规模较大、实力较强的头部企业而言，追求颠覆式创新、引领科技发展是其核心战略，那就应当有限选择第 1 象限进行开发，而第二步对于 2、4 象限的选择，则要考虑企业竞争优势的培育需要进行抉择（见图 5-5）；对于规模较小、实力偏弱，追求渐进式创新、追随头部企业发展的二、三线企业而言，可能更合适的选择是选择同质的功能开发，以降低成本和风险，进一步的创新决策则需要依据其在市场上的竞争优势择机选择。

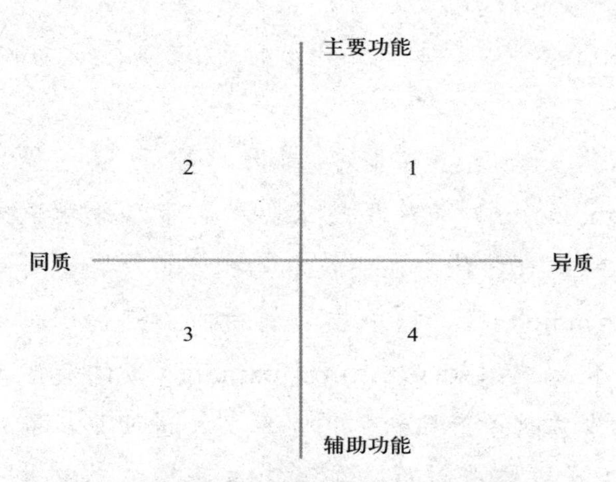

图 5-5 主辅一同异功能二维度评价

（二）组织战略与创新布局

上文所提到的几种决策方法，并非是全部或唯一的方法，创新团队所需要做的就是在这些方法中权衡利弊去选择最适合的方法，完成对 HMW 的排序。在综合决策的基础上，可以排除一些与当前组织战略完全不匹配的创新开发选项，对于备选的 HMW 则需要根据其优先次序按照组织战略进行创新布局。

在创新实践中，组织可以根据自身资源状况，按照既定的 HMW 次序进行先后开发，结合组织长期核心竞争力建设、短期竞争优势培育的要求进行创新布局，这就从属于组织经营管理的范畴了。

【扩展阅读】意义创新

罗伯特·维甘提（Roberto Verganti）是著名创新管理

专家，米兰理工大学领导力和创新教授，为设计驱动创新理论创立者，荣获意大利设计界最高荣誉“金罗盘奖”。先后著有《第三种创新：设计驱动式创新如何缔造新的竞争法则》和《意义创新：另辟蹊径，创造爆款产品》两本著作，前者于 2009 年被《商业周刊》评为“最佳设计和创新图书”。

在其第一本著作中，强调设计驱动型创新（Design Driven Innovation）是除了技术驱动和市场驱动以外的第三种创新战略模式，认为在“技术”和“市场”以外，还存在“意义（meaning）”。这一推动创新的关键知识，强调通过对社会文化范式（sociocultural paradigm）的突破构建全新理念和愿景并赋予产品新的内在意义，进而形成新的“产品语言”，实现颠覆式创新。在第二本著作中，作者强调了产品内在意义的产生路径与方法。

罗伯特·维甘提将设计驱动型创新解释为：“产品传递的信息及产品语言的新颖度远大于其蕴含的技术成果的新颖度”，他认为设计驱动型创新的核心就是通过设计予以产品的内在意义和内涵。任何产品都是具有“意义”的，设计驱动型创新的核心就是对“意义”的创新。在著作中他指出苹果、任天堂游戏等产品这类既非技术推动也不是市场拉动，而是通过满足消费者潜在的深层次的情感、心理和社会文化需求来获得持续竞争优势的新产品。

当然，这三种创新并没有本质的优劣之分，但罗伯特·维甘提强调了设计驱动创新在助推颠覆式创新上的独特作用。技术突破为主的创新是技术驱动型的创新，由意义建构突破的创新是设计驱动的创新，而两方面都属于渐进式创新则为市场驱动型创新。当然，产品语言（内在意义）创新同样出现在技术驱动型创新和市场驱动型创新中。不同的是，产品语言（意义）创新在这三者中扮演着不同的角色：在市场驱动型创新和技术驱动型创新中，产品语言（意义）作为辅助的知识（不是主角）进入创新过程。而设计驱动型创新有技术创新和用户研究的成分，但它本质上是一种追求意义建构的创新。其中技术驱动型创新和设计驱动型创新交集的部分被称为“技术顿悟（Technology Epiphany）”。该领域内，技术和产品意义两个维度同时发生了突破性创新。典型的如苹果的PAD，触屏式设计不仅是技术上的突破性应用，更创造一种休闲游戏的新玩法。

罗伯特·维甘提所提出的“意义”的创新，对于我们深刻理解洞察目标用户的深层次需求，甚至是其本人都无法表达、无法认知到的“意义”，对于催生出颠覆式的用户价值具有极强的借鉴意义。

第六章　创意开发

创意开发（Ideate）是在设计思维创新方法论完成了对未来用户的理解洞察、深刻把握其需求的背景下，组织创新团队采用合适的创新方法，孵化催生出大量创意并进行筛选的过程。在这一步，设计思维创新处于大量挖掘创意的时机，参照英国设计委员会的双钻石模型，也就是进入了第二个钻石模型的发散阶段。

一、创意团队管理

团队成员是创新创业实践的核心主力，设计思维创新实践中，是否能实现优秀的创意是决定性的一环，为了高效地催生孵化创意，我们需要对创新团队进行科学的组织与管理，尤其是在创意团队成员的组成、创意活动组织方式等方面更需要投入较多的精力。

（一）创意团队

1. 团队成员结构

众多理论研究成果表明，创新团队的成员结构高度影响着团队创新的效率。在创意开发的过程中，创意点子都来自创意团队，创意团队的成员结构更是直接关系到创意点子的数量和质量。在设计思维创新实践中，尤其强调创意团队成员的跨领域分布及性格特征的互补融合。

·跨专业领域

商界不少人士都提到苹果公司不做市场调查，也就是说并不把直接满足用户需求作为创新导向，当然不是说苹果公司不尊重用户，而是强调苹果公司在创新实践中是“以人为本”，以人性为本，重点并不是放在直接用户身上，亦可以理解为苹果公司是站在人类社会的层面，来洞察人性的需求。设计驱动型创新学者罗伯特·维甘提（Roberto Verganti）在其著作《设计驱动型创新》和《意义创新》中介绍苹果公司的创新模式时，也强调了颠覆式的创新并非来自于直接用户，但是却特别强调了不同领域的诠释者（Interpreter）合作共创新的产品意义的观点。

在设计思维创意开发这一环节，为了促进创意发散，在创意团队成员构成上，遵循如下几个原则：

第一，强调团队成员构成的跨领域属性，要求成员尽量来自于不同领域、不同专业。

第二，尽量避免相关领域的技术人员，以避免在一开始就陷入太多的技术限制中，难以最大限度地拓展思维。

第三，尽量加入社会文化、心理学、哲学等领域的人士，以增加对人性的理解和洞察。

·性格特征

创新团队或创意小组成员的性格特征会对创新和创意点子开发的效率产生微观细致的影响。这方面理论研究成果也非常丰富，在此不做赘述。我们给出一些实践中的参考意见，供参考。

（1）团队成员的性格搭配应能促进团队稳定。一个不稳定、充满矛盾和争吵的团队会给创意氛围带来负面影响，纷杂不休的争吵也必然会占用更多的时间。在性格上能够互补，保证团队具有一定的稳定性，能够使得各项工作顺利推进。

（2）团队成员的性格互补以加深探讨。过分稳定的团队也不容易促进内部讨论，矛盾是发展的根本动力，因此，要求创意团队成员应该能够激发讨论，良性的争论有助于加深对问题的认识，拓展成员的视野。

(3) 团队成员的性格特征应能促进分工协作。一个团队应该有领导者、组织者、执行者等各类角色，尽管他们应该是平等的，但是在具体开展工作的过程中，必然会要求他们满足团队分工合作过程中的各类角色，完成诸如领导、参谋、激励及执行等各种职能与行为。

2. 团队组织方式

· 开放空间技术（Open Space）

开放式空间技术是一种团队合作创新的形式，由组织顾问哈里森·欧文（Harrison Owen）在 20 世纪 80 年代挖掘并首倡，后又经过反复开发优化并持续发展。开放式空间技术以群体会议的方式实施，但是没有正式的结构，缺少主旨发言人、组织展位和预先安排的日程安排。而是由与会者自由围坐成圈子，提出他们想发起的活动、讨论和研讨。

开放空间技术提倡一个广为人知的“双脚法则”，即如果参与者发现自己处于无法学习或没有贡献的情况下，他们就有责任用自己的两只脚移动到另一个地方。因此，参与者就可以自然地形成两类，也就被称为“蝴蝶”或者“蜜蜂”，意味着参与者可以自由地选择和跳跃，以最大限度地提高学习和贡献。同时，开放空间技术坚持以下四个原则：

第一，出席的人都是最适当的（whoever come is the right people）。

第二，不管何时开始都是最适当的时间（whenever it starts is the right time）。

第三，不管发生什么，都是当时只能发生的事（Whatever happen is the only thing that could have）。

第四，结束的时候就结束了（When it's over，it's over）。

开放空间技术尽管表面上看起来缺少组织，但是仔细观察分析就会发现，真正高效的开放空间活动结构更复杂、更具活力，这种自组织形态比其他以管理或专家为导向的集体研讨更为稳健。

在创意开发环节，采用开放空间技术，可以较好地大范围征集创意，尤其是需要社会领域内的创意贡献的情况。开放空间技术适合5人以上参与的团队研讨活动，重在探索解决那些重要而又迫切的问题，是一个优秀的创意发想方法。

· 焦点小组

焦点小组，也称小组访谈（Focus Group），是社会科学研究中常用的质性研究方法。一般由一个经过研究训练的调查者主持，采用半结构方式（即预先设定部分访谈问题的方式），与一组被调查者交谈。焦点小组原本主要应用于调查研究，由于其快速高效、信息真实可信的特点，被广泛应用在各种会议中。

在焦点小组中，主持人逐次抛出预先设定的目标和问题，倾听参与者的答案。这个过程中，允许提出尝试性的解释，随后其他人可以进行否决，也容许强势参与者自由发挥，引起争论和讨论，激发创新思维和创意点子的产生，往往可以从自由讨论中得到意想不到的发现。

在设计思维创意开发环节，采用焦点小组的形式，应将研究目标和问题更为聚焦和细化，防止过多的议题分散参与者注意力和智慧。同时，鉴于焦点小组的自由争论的形式，主持人应当注意在激发讨论的同时，避免矛盾激化，偏离研讨的主题。

· 世界咖啡

世界咖啡（World Cafe）是一种有效的集体对话方式，由华妮塔·布朗（Juanita Brown）及戴维·伊萨克（David Isaacs）首创。这种集体研讨方式主要通过构建互信互利、取长补短、共同进步的精神和氛围，让背景各异、观念不同，甚至素不相识的人能够围坐在一起，体验到好友倾心交流的氛围，实现无障碍沟通，激发思想火花，打造集体智慧。研讨模式的主要精神就是“跨界，世界咖啡集合不同专业背景、不同职务、不同部门的一群人，针对特定主题，发表各自的见解，互相意见碰撞，激发出意想不到的创新点子。

世界咖啡的规模可以从几十人到上千人，其最基本的单位是围坐在一起的一个小组，小组一般由5～8人围坐在一起，并营造好友聚会喝咖啡的软硬件环境。基本流程如下：

A. 主持人介绍主题、流程，提出问题。

B. 小组成员独立思考、轮流发言，然后开展质疑反思、讨论分享。

C. 选出小组组长，并收集本轮研讨成果。

D. 组长留下，其他成员流转到另外一桌。

E. 组长介绍本桌此前研讨成果，听取大家意见，并进行新一轮讨论。

根据需要开展若干轮次（如逆时针或者顺时针等）的研讨，所有小组成员回到原来的小组，整合凝练最终研讨成果。

可以看出，世界咖啡这种模式最大的特点在于能够使得小组集中于既定研讨内容，不至于受到外界的干扰或过多问题分散注意力；同时，其多轮的组织方式，有助于跨界交流，不必担心批判影响人际关系而敞开心扉，畅所欲言，有助于各组听取各方意见，形成集体智慧。

将世界咖啡的研讨组织模式应用于创意开发，是非常高效的模式。在集体探寻创意的过程中，这种模式有助于成员在短时间内专注于既定研讨问题，打开思路，深度思考，充分挖掘个人智慧；另外，这种模式有助于参与者以匿名的方式，对其他人的成果展开批判，突破组织研讨障碍，有助于深度思考和探索，促进共同学习与智慧产生。

· 漫游挂图

漫游挂图是近些年在团队研讨实践中逐渐演化出的一种集体共创组织形式，其基本组织模式类似于世界咖啡，不同的地方在于以下四方面。

(1) 漫游挂图往往将小组研讨成果借助研讨布、白板、便签贴等形式立体呈现，世界咖啡则是呈现于平面的桌上。

(2) 一般是参与者围坐在一起进行研讨，漫游挂图则是站着并走动研讨。

(3) 漫游挂图跨小组参与研讨的组织以小组的形式集体出动，不会留下组长。

(4) 世界咖啡所研讨的问题之间往往有递进的关系，而漫游挂图所研讨的问题多是并列关系。

因此，漫游挂图对于那些既需要分头研讨，又需要集体共同评价的创意开发环节较为合适，可供我们根据实际情况酌情采用。

(二) 共创环境建设

在创新创业活动中，团队建设与管理也是极为重要的一环。设计思维创新实践中，会吸收借鉴社会科学优秀的理论成果和实践技法来保证团队绩效。

1. 硬件环境

设计思维创新方法论的发源地——斯坦福大学机械工程学院的 d. school 于 2005 年在世界知名软件公司 SAP 创始人之一的哈索·普拉特纳（Hasso Plattner）先生支持下成立，坐落于斯坦福大学校内的一座二层小楼，整体风格上，d. school 以简洁明快、便利快捷为主。其外部以偏红色基调为主，内部则以轻松活泼的单色调为主。两层的空间被分割成了多个手工作坊、办公室、研讨室等，甚至还有一个创新创业项目路演厅。

尽管看上去不怎么吸引人，但是里面的标语（诸如 The only way to do it is to do it 等）、各种文具、加工道具、产品原型、团队成员头像等元素处处充满神秘的气质，让人不得不想一探究竟。作者的感觉，这里就是提供了一个让成员全身心投入到探索创意中去的环境。所以，从硬件环境建设来说，根据笔者本人设计、建设与运营创新工作坊的经验，首先就硬件建设提出以下几个方面的建议，供大家参考。

（1）用具的便利性。配备各种创新用具，包括创意发想、思维游戏、交流分享、教学演示、原型制作，以及创新创业路演等各环节所必需的各种用具，在尽量全的基础上，应当通过安装各种橱柜、展架等实现规范安置，保证安全且便于取用。这些用具特别强调需要具有一定的专业性，尤其是一些加工工具存在不安全因素的，更需要妥善安置；另外，有些看似高大上的用具，如果无法派上用场，也会造成浪费，所以需要做好事前的规划与安排，根据需要建设。

（2）氛围的适宜性。

1）创新空间的整体色彩不宜过于张扬，以清新淡雅为主，在必要的地方配以高亮鲜艳的颜色以激发身心活动。从色彩与心理的关系上讲，淡雅的色彩有助于冷静，促进认真思考；鲜艳高亮的颜色不利于安静，但有助于突破困倦，激发身心活动；从灯光亮度上讲，太亮或太暗的颜色都容易产生疲累，所以应以较为舒适的亮度为宜。

2）空间的空气流动性和气味也会影响到创意的效率。缺氧或者令人不适的味道必然会抑制思维的展开。因此，要保证空气充分流通，同时还要尽量使得空间内的气味令人舒适。当然，这里不是说要使用香水、空气清洗剂等来刻意改变空间内的气味，以大自然的清新淡雅气息最为适合。但是，在某些特定条件下，诸如为了消除异味，或者刻意刺激人的感官，也不排除使用一些香水等来优化空间氛围。

3）在空间内部的声音环境上也存在需要注意的地方。避免无关噪音污染是必要的前提条件，空间建设尽量保证远离其他噪音源。另外，背景音乐是一个倡导的选择，轻松欢快的音乐有助于参与者心情舒适、乐于研讨；甜蜜幸福的乐感有助于安全感和亲密感的建立；动感激情的音乐有助于参与的热情。不管选择什么样的背景音乐，总体上讲音量不要太大，以防掩盖交流研讨的声音。所以，根据需要选择背景音乐也是一个重要的氛围建设选项。

2. 软性氛围

软性氛围是除了可视的硬件建设之外内容，尽管不可见，但是也包含了诸多方面的内容，其所发挥的作用完全不亚于硬件环境。我们仅就创新实践中认识到较为重要的几个方面加以分析。

（1）安全信任。人们在陌生的环境，或者接触新事物时，不确定性的存在必然会产生自我防卫心理，即便是在熟悉的环境，基于对失败的担心与恐惧，也会导致一些自我约束行为进行防卫。在创意环节，参与者同样会有类似的反应机制。因此，构建安全信任的环境就成为创新管理者基础性的工作之一。具体做法可以采用包括游戏带入、明确目标任务、角色定位以及关注重视等来实现。

（2）积极投入。激发参与者全身心的积极投入到活动中，产生优秀的成果，是创新创业团队的目标。在行动学习、引导教练应用实践中，讲师们习惯于应用一个简单的公式来评价个体在组织中的产出绩效，公式如下：

$$\underset{\text{Performance 绩效}}{P} = \underset{\text{desire 意愿}}{D} \times \underset{\text{Ability 能力}}{A}$$

在这里，绩效主要指的创意团队的产出，这里主要指的是创意点子的数量和质量；意愿主要指的是参与者对创意活动的主观参与意向及其拟投入的个人资源，前者主要由动机强度衡量，后者包括时间、知识、身心、物质利益等成本；能力主要指的是参与者个人所掌握的有关创意活动的知识、技能、经验及进行自我表达呈现的综合素质因素。高绩效的产出是每个创意团队孜孜以求的目标，但这也是最具挑战的事情，需要我们全方位探索解决。

能够促进参与者以较高的意愿，积极投入到创意活动中，是影响上述创新绩效的核心要素之一，也是短时间可以提高的要素。实践中我们可以通过赋能、目标导向、竞争等来实现。

（3）合作竞争。如上文所述，竞争能够促进团队成员的参与投入度，但恶性竞争也容易破坏团队关系。一个拥有合作竞争氛围的团队是我们所需要的。团队首先应该具备合作共创的意识、机制与流程，在此基础上开展良性竞争，以刺激和挖掘每个人的创造力。我们可以采用包括团队与个人绩效考核相结合、成就动机激励、目标管理等方式来实现。

3. 氛围调节优化

结合前文分析，我们可以发现，硬件环境建设主要是在创意活动开始以前设计，一旦建设完成，短时间调整优化有较大难度。而对于软性的氛围调节优化，则可以随时进行。这里我们提供几个建议供参考。

（1）目标导向。明确团队创新目标，并把目标具体化到每个参与成员身上，给出明确的指示，在施加压力的同时，也起到激励作用。

（2）制度规则。建立规范的团队管理制度，包括规定创意活动的参与规则等，使得每个成员知晓应关注团队的整体产出成果，也应关注自身表现。

（3）寓创于乐。尽量采用游戏化的方式开展活动，爱玩是人的天性，能够把创意活动融入游戏中，实现“learning by doing”，“learning by game”，而且能借助轻量运动热身并增加合理的肢体接触，在快乐中工作和创造，可以更深入地挖掘人的潜力。

（4）仪式感。在很大程度上，仪式感代表了工作和生活的意义。仪式感慨可以运用于对团队目标的设立、团队及个人目标达成的庆祝、对个体的欢迎与关注，亦可以用于对细节中包括个人的阶段性贡献、单个创意点子的呈现等。

（5）有效激励。在取得较为显著的进展时，或者遇到较大的挑战是，创新创业团队管理者应该能掌握丰富的激励技巧，赋予他们力量。具体方法包括语言表扬、物质奖励等，可以参考管理学中的做法，在此不再赘述。

（6）辅助措施。不少团队创意活动会提供小点心、水果等茶歇，这些食品一方面可以补充能量，缓解疲劳，同时也会促进参与者在食用后产生一些快乐激素——内啡肽。另外，比如香水、音乐等可以在不同程度上激发人身体分泌多巴胺、催产素、肾上腺素等各类激素，前文所提及的竞争机制、仪式感等做法也存在类似的功能。当然，激素的产生本身就属于人身体的日常正常机能，如果我们能够人为地采取措施，能够激发人们的心理动机与行为，来提升创意活动的效率的话，何乐而不为呢？

二、创意发想的目标、挑战与原则

设计思维创新在创意发想这一个环节，核心目标是在催生出大量创意点子的基础上，能够精炼到真正能够解决问题的颠覆式创意、概念或解决方案。但一个不争的事实就是，在市场经济时代，众多的竞争者也必然已经投入大量的资源对解决问题做了不少探索，当前的资源、条件的潜力应该已经被充分挖掘，创新应该通过扩展思维、跨界来实现。

（一）创意发想的目标

在创意发想的这个过程中，我们肯定要追求优秀的产出，具体来讲，可以把创意发想的目标刻画为以下六个具体的方面。

- 激发潜力：能够尽最大限度挖掘出团队成员的创意潜力，使得他们能够全力以赴，穷尽思维所能，同时充分沟通，互相促进，为团队创意做出最大的贡献。
- 突破屏障：团队成员突破防卫心理、羞涩、不安全感、表达障碍等各种屏障，能够毫无保留地为团队贡献自己的想法。
- 快速高效：在创意发想过程中，不追求完美、不纠结，团队成员之间可以充分讨论，但不发生激烈的争吵，快速高效地产出点子，以数量为优先。
- 荟萃智慧：互相都秉承站在巨人之肩的心态，在他人基础上增砖添瓦，吸收别人灵感的同时，思考更宽阔的空间，不断互相促进、补充与完善。
- 跨界碰撞：不同专业领域、工作类别的成员之间分别站在自己的专业角度分享自己的观点，在相互澄清并理解的基础上，提出疑问并深入挖掘，从不同角度发展完善创意。

（二）创意开发的挑战

如前所述，通过跨界实现创新是探索新点子、新概念、新方案的路径之一，遍布各领域的仿生科技就是跨界创新的典型。如今随着科学技术的发展以及经济形态的深入融合，社会生活诸领域都与其他领域交叉，简单纯粹的单一产品或服务愈来愈少，都需要吸取其他领域的知识。

1. 创新实践的挑战

之所提倡跨界的知识迁移与创新，与当下创新实践中所遇到的挑战不无关系，简单地来说，团队在创新实践尤其是创意开发的过程中，面临一些实实在在的挑战。

（1）行业创新边际效应递减。边际效应递减规律似乎在大部分领域都在发挥着它的力量，一个组织或者创新团队内部的内部资源、资本是一定的，创新资源所能提供边际贡献也有一定的边界。因此必然需要来自于系统外部的知识、文化、思想、模式等的冲击，以激发创新成员的活力，吸收借鉴外部知识，并产生协同作用，带来1+1>2的效果。

（2）固有思维模式的限制。每个人在自身成长与发展的过程中，都形成了独有的思维模式与行为惯性，同时也存在知识边界与认知局限，必然会将思维和创新空间约束在一定范围中。日常工作与生活中我们能体会到很多思维模式束缚创新突破的例子，在创新创业团队的实践中活动中也必然受到影响。

（3）组织惯性等综合因素。对于企业等组织来讲，经过一定时期的发展，形成了特有的组织制度与文化、习惯与惯性、集体思维模式等，同时也受制于组织核心业务及各种预算约束的限制，对于创新而言，也必然会带来各种约束，影响创新的产生及效果效率。

2. 团队创意活动的障碍

根据大量的团队创意活动实践经验数据，在开展团队创意的过程中，从微观角度来说，创意小组所遇到的障碍主要包括如下六个方面。

（1）上级领导风格。任何一个组织都存在层级结构，必然会使得我们面临一些典型的上级精神或者叫意志，也就是说领导者会在很大程度上干预着创新团队。越是集权的组织，越容易形成“领导说的往往永远都是对的”这一典型问题。那问题是领导都是对的话，我们还会需要了解客户干什么，但是组织惯性会必然导致程度不同的上级意志影响，因为上级领导最后决定着你的创意。

（2）短期业绩导向。在竞争激烈的现代市场经济体制下，企业都面临巨大的竞争压力，必然传导至产品或服务的开发环节，使得创意团队承受着短期业绩导向的压力。也就是团队着急于短期就要看到成果、看到绩效，但是骨感的现实是：缺乏科学、规范过程，丰满的理想无从实现。

（3）业务与主观带入。缺乏“以人为本、以用户为中心”的理念，特别容易带来一个弊端，那就是在当前业务和主观判断的影响下，在未做用户理解洞察与需求挖掘的情况下，想当然地给出一个自己认为很棒的想法、很优秀的解决方案。在后续的工作中，本应开展的用户研究与需求验证工作，演变成了验证自己主观的想法，从源头上就是错误的。

（4）活动组织不力。这种现象相对而言还少一些，成员参与度，虽然说绝大部分团队经过了很好的组织挑选，我们在实际的辅导当中也会发现，确确实实很多单位做得非常到位，但是存在一些典型的问题，有些人是临时被拉来的壮丁，或者说即便不是被拉来的，他不了解所要做的事情。大家想一下，一个人去做他不了解的事情，或没有准备好的事情，必然就难以做出全身心的投入，所以这是非常致命的一个问题。

（5）硬件环境不足。我们在创新孵化实践过程中发现，大多数组织缺乏规范的空间，硬件环境建设严重不足。主要表现为空间较小或者较为粗糙，甚至是空气流通都不好，待的时间长了会产生极为不适的感觉，自然会严重影响到思维的拓展、大脑的运转。优秀的创新企业诸如华为、华润、谷歌、腾讯等在其总部和分支机构大都建设非常规范、舒适、专业的创新空间。

（6）创新成员特点。实践中我们发现，不少创新团队的成员构成不太合理。首先是缺少跨界组成，存在显著的同质化倾向，不利于碰撞的产生；其次是专业人员尤其科技开发及工程师偏多，容易受限于固有的业务领域及技术因素，影响创意的颠覆式创新；另外，也存在参与人员自身准备不足，包括参与意愿低、必要的背景知识匮乏等现象；最后缺乏右脑思维人才或者说缺乏右脑思维训练，理性思维过强，太过纠结于现实约束因素。

（三）团队创意的原则

获得两次诺贝尔奖的著名化学家莱纳斯·卡尔·鲍林（Linus Carl Pauling）说："想要找到好点子，首先你得有一大堆点子。"没有数量众多的创意存在，也无法进行充分的筛选精炼。在促进创意产生的过程中，业界一般都比较奉行以下6个方面的基本原则。

1. 延迟批判

在创意活动开始阶段，不允许对别人的想法予以批判，不管创意点子看上去多么的不切实际、难以实现，甚至是荒谬的。这主要是考虑促进大家充分活跃起来、贡献更多的点子的目的，毕竟任何人都不喜欢被批判与打击。之所以遵循这个原则，一方面是因为在自由发挥的过程中，任何人不可能也没必要深思熟虑；另一方面是即便是现在看起来的不切实际的点子，在未来可能是最好的出路。

2. 数量优先

如同鲍林所说，先激发出大量的点子是最重要的，初期并不需要点子的质量，人们也难以保证自己的每个点子都是质量最高的。何况，即便是一个不好的创意，也很有可能最终被大家评判改正，形成一个好的创意。

3. 精简表达

为了提高创意活动的效率，在团队共创过程中，提倡大家在阐述自己的意见时，精简地说明即可，不需要过多的解释，否则容易打断别人的思路和灵感。除非别人对创意不了解，追问时可以予以解释说明。当然，这也是为了充分利用时间来催生更多的创意。

4. 视觉思维

很多的创意可能无法用语言来形容，尤其是创意设计较为复杂的场景、流程或者技术时，可以采用绘画、流程图甚至视频等多种手段来刻画相关创意，保证让其他人都够充分了解创意的实质，也有助于增加印象。

5. 延续想法

尽管这个过程不允许批判，但是提倡对别人的创意进行补充完善，也就是说如果认为其他人的创意存在不足和缺陷，允许在既有创意的基础上提出优化建议，但是仍然不需要批判别人的创意。

6. 疯狂想象

毋庸置疑，很多当下优秀的创意在最初可能都是天方夜谭，包括“太阳中心说”最早提出时，布鲁诺还因为捍卫哥白尼的创意给自己带来杀身之祸，达·芬奇的众多创意包括潜艇、飞机等在他那个年代也被视为胡思乱想。所以，在设计思维的这个创意开发环节，提倡大家胡思乱想、天马行空、疯狂想象。在汇总了最终所有创意之后，再根据实际情况进行审核评估甚至批判也为时不晚。

三、创意开发方法

创意开发的方法历来就是人类社会探索的焦点之一。可以说创意开发的方法已经既是全人类探索的重点，也是难点。当然，经过长期的人类社会的发展，也已经形成了不少优秀的方法和工具。我们尝试把社会领域较为经典的一些方法介绍给大家。

（一）思维打开练习

正式开始集体创意活动前，有经验的创新教练或者团队管理者往往会采取一些特定的活动或者游戏来进行热身，帮助团队成员放开手脚、打开右脑思维。此外，也可以安排一些当前创新领域的视频、图片、故事等材料来为创意注入灵感素材。

1. 游戏活动

不少游戏活动具有热身和活跃右脑思维的作用，至少也能够起到活跃气氛，兴奋大脑的作用。比如笔者经常采用的通用类游戏：东成西就、左右手练习、能量速递等；也有针对性较强的创意导入游戏，比如通过绘画复原童年的你、自起绰号等脑力游戏等。

2. 教练导入

教练（Coach）和引导（Facilitate）是带有争议性的手段，我们一般都是在西方电影中带有宗教仪式、心理辅导等场景中看到，具体手段包括冥想、深度会谈、催眠等。这些实践中的应用手段需要创新导师或者领导者具备一定的心理学知识，比如能够系统的学习埃里克森（Erik Erikson）、萨提亚（Virginia Satir）等著名心理学家的理论知识，否则容易带来意想不到的负面影响。但是，实操中缺乏经验的创新导师或者管理者可以引用一些深呼吸、肢体活动的放松游戏，也能起到一定作用。

3. 辅助素材

此外，借助一些辅助材料，也有助于思维的打开。实践中我们经常会在创意活动前，播放一些创意视频，也会使用一些专门制作的视觉引导卡片，分享一些典型案例，既能活跃气氛，又能促进灵感的产生。

（二）头脑风暴法

1. 头脑风暴的逻辑

在群体研讨决策中，由于群体成员心理相互作用影响，易屈于权威或大多数人意见，或者每个人形成自我保护机制，不愿意贡献自己的想法，形成所谓的“群体思维”。群体思维削弱了群体的批判精神和创造力，损害了集体研讨的质量。头脑风暴法是一个提高集体研讨质量的优秀方法。

头脑风暴（Brain-storming）最早是精神病理学上的用语，指精神病患者的精神错乱状态而言。后来由美国 BBDO 广告公司的奥斯本（Alex Faickney Osborn）首创为一种创新思维方法，该方法主要由价值工程工作小组人员在正常融洽和不受任何限制的气氛中以会议形式进行讨论、座谈，打破常规，积极思考，畅所欲言，充分发表看法。头脑风暴法又称智力激励法、BS 法、自由思考法，此法经各国创造学研究者的实践和发展，已经形成了一个发明技法群，如奥斯本智力激励法、默写式智力激励法、卡片式智力激励法等。

2. 主要实践形式

实践中，头脑风暴法经历了多种发展，大家也不必拘泥于某一种特定形式，能够达成促进团队成员积极投入到创意活动中去才是最终目标。我们在此分享几个较为成熟的小技巧。

（1）书写式头脑风暴。这是在传统通过发言讨论的基础上的变化，主要为了规避最初发言面临的障碍，让参与者每个人独立书写，可以采用匿名的方式，然后把结果打乱，每个人拿到一份别人的结果，再行讨论或者评价。

（2）游戏化操作。可以把每轮的创意揉成纸团的形式，投掷出去，每人再取回来，在别人的基础上进行下一轮补充研讨，如此循环，这种游戏化的方式增加了神秘感和娱乐感，可以有助于降低疲劳度。

（3）卡片辅助法。笔者采用自制的创意发想图片卡，这些图片卡往往包含了社会生活领域的诸多元素，或者专门制作针对特定创新领域的情景卡片，来激发创新成员的灵感。实践证明，这些资料的应用也卓有成效。

（三）视觉引导法

斯坦福大学的教授 McKim（1973）强调左右脑融合的思维模式，剖析了视觉思维在解决问题和方案设计过程中的重要性，并采用视觉思维的方式刻画了原型、测试等多种设计思维的工具。在创意环节，采用视觉思维方法，促进右脑思维也是常用的重要方法。

1. 视觉引导的逻辑

显然，视觉思维的模式是贯彻遵循了左右脑思维分工的原理。人类的左脑分管逻辑、数学、运算等功能，右脑分管图画、音乐、艺术等功能，左右脑又分别被称为理性脑与感性脑。相关理论研究成果已充分证实，右脑承担的艺术性思维，在创意开发活动中的颠覆式创新也正是源于右脑的跳跃式思维。

因此，视觉引导法的逻辑主要源于左右脑的分工理论，实践中主要借助色彩、图形、结构关系等来帮助实现非线性思维、发散思维、联想思维、想象思维等的促发与表达。

2. 视觉工具技巧

在设计思维创新的整个流程中，我们在很多环节都设计、制作并使用了视觉工具，这些工具包括卡片、挂图、彩纸、拼图等多种形式。

（1）团队组建及融合。这一环节的使用我们在前文已经详细说明。需要补充说明的是，视觉引导卡的使用能够促进团队快速达成愿景共创与文化建设，并实现目标融合。我们也会在其他环节，比如发现团队成员比较疲劳的情况下，提供一些创意彩色拼图卡片，以游戏的形式来激活团队的热情。

（2）同理心洞察。为了提升创新团队成员的同理心能力，彩色的视觉引导卡片可以发挥强大的作用。我们制作的同理心洞察卡片，精选了人们社会生活中极其震撼人心的画面，对那些社会阅历和体验较浅，缺乏同理心能力的成员，辅导他们观察、思考并交流体会，借助群体智慧增加其同理心洞察能力，实践中起到非常好的效果。

（3）创意发想。前文已提及，专业的视觉引导卡可以帮助创新团队成员对特定情境、工作流程、生活场景等产生理解、反思、联想并进行重组、交叉、叠加、分拆等各种加工方式，催生出新的跨界创意点子出来，实践证明，这是打破思维障碍、短时间内催生大量点子的一个好工具。

（四）逻辑创新方法

1. 奔驰 SCAMPER 法

奔驰法（SCAMPER），由美国心理学家罗伯特·艾伯尔（Robert F. Eberle）首创，是一种检核表法，检核表主要有 7 个字的代号或缩写组成，代表 7 种改进或改变的方向，帮助创新者在某一已存在的事物基础上经过一系列的思维操作而得到创新，它可以激发你的创新火花能激发人们推敲出新的构想，已被证明为一种优秀的发散思维工具。

在这一方法中，7 个字母、也就是 7 个维度，分别为

S-Substitute（替代品）：考虑用一种东西替另一种东西的办法。

C-Combine（合并、综合）：与其他的集合或服务结合在一起，集成。

A-Adapt（调整：补充、改造等）：更改功能，使用其他要素的部分内容。

M-Modify（修改：变更、放大、缩小等）：扩大或缩小规模，改变形状，修改属性（如颜色）。

P-Put to another use（移作他用）：赋予其他的用途。

E-Eliminate（消除、精减）：消除某些要素，简化、减少核心功能。

R-Reverse（逆反、重新排列、颠倒排列）：内变成外，上变成下，也叫反转。

2. TRIZ 发明创新原理

TRIZ 意为“发明问题解决理论”，源于用拉丁语标音 Teoriya Resheniya Izobreatatelskikh Zadatch 首字母缩写。由苏联发明家、教育家根里奇·阿奇舒勒（Genrikh Altshuller）和他的研究团队，通过分析大量专利和创新案例总结出来的。

经过近百年的发展，TRIZ 实践者们提出了 TRIZ 系列的多种工具，如冲突矩阵、76 种标准解、物质—场分析、8 种演化类型、科学效应、40 个创新原理、39 个工程技术特性，建立了包括物理学、化学、几何学等工程学原理在内的庞大知识库等，常用的有基于宏观的矛盾矩阵法（冲突矩阵法）和基于微观的物场变换法。TRIZ 针对输入输出的关系（效应）、冲突和技术进化都有比较完善的理论。雄厚的理论基础以及丰富的工具使得 TRIZ 成为创新性解决问题的强有力的方法论，被广泛应用于实际问题的解决。

TRIZ 理论成功地揭示了创造发明的内在规律和原理，着力于澄清和强调系统中存在的矛盾，其目标是完全解决矛盾，获得最终的理想解。它不是采取折中或者妥协的做法，而且它是基于技术的发展演化规律研究整个设计与开发过程，而不再是随机的行为。创新从最通俗的意义上讲就是创造性地发现问题和创造性地解决问题的过程，TRIZ 理论的强大作用正在于它为人们创造性地发现问题和解决问题提供了系统的理论和方法工具。实践证明，运用 TRIZ 理论，可大大加快人们创造发明的进程而且能得到高质量的创新产品。

在设计思维创意开发环节，最简单、直接、有效的应用就是依据 TRIZ 发明创新的 40 条原理，帮助扩展思维、突破既有矛盾。实践者们还开发出各式各样的卡片，标准 TIRZ 的原理等并做简要介绍，供创意活动参与人员极为便利地使用。

3. 奥斯本检核表法

这一方法由亚历克斯·奥斯本，也即头脑风暴法的创始人，于 1941 年出版的世界第一部创新学专著《创造性想象》中提出，并以奥斯本的名字命名。

检核表法是根据需要研究的对象之特点列出有关问题，形成检核表。然后一个一个地来核对讨论。从而发掘出解决问题的大量设想。它引导人们根据检核项目的一条条思路来求解问题，以促发比较周密的思考。该法主要用于新产品的研制开发，针对某种特定要求制定检核表，引导主体在创造过程中对照 9 个方面的问题进行思考，以便启迪思路，开拓思维想象的空间，促进人们产生新设想、新方案的方法。这 9 个方面的问题是：有无其他用途、能否借用、能否改变、能否扩大、能否缩小、能否代用、能否重新调整、能否颠倒、能否组合（见表 6-1）。

表 6-1　奥斯本检核表示例

序号	检核项目	各种发散性设想	初选方案
1	能否它用		
2	能否借用		
3	能否变化		
4	能否扩大		
5	能否缩小		
6	能否代用		
7	能否调整		
8	能否颠倒		
9	能否组合		

在实践中，奥斯本检核表法应用相对简单，拿来即可用，其主要实施步骤可概括为以下三方面。

（1）根据创新对象明确需要解决的问题。

（2）根据需要解决的问题，参照表中列出的问题，运用丰富想象力，强制性地一个个核对讨论，写出新设想。

（3）对新设想进行筛选，将最有价值和创新性的设想筛选出来。

由此可见，奥斯本检核表法是一种可以有效产生创意的方法，尤其是针对较为具体真实的问题。在众多的创造技法中，这种方法是一种效果比较理想的技法。人们运用这种方法，产生了很多杰出的创意及大量的发明创造。在设计思维创新的创意活动环节，针对那些较为具体的问题，亦可以使用该法作为开拓思维的重要工具。

4. 脑力激写

这种方法可以说是在传统的头脑风暴法的基础上，进行了适当的过程组织，中间加入了间断性的讨论与交流的过程，在最后以集体讨论和内容凝练为结尾。其基本步骤如下：

阶段一：准备一张 A4 纸，足量的便利贴，一支签字笔；6 名（最少）团队成员围坐在桌子旁，保持一定的次序和间隔，然后：

（1）在 5 分钟内，针对创意问题（HMW）想出 3 个创意点子，写在便利贴上。

（2）把您的创意点子便利贴贴在 A4 白纸上，注意保持整齐。

（3）将你贴好便利贴的 A4 纸传给你右边的成员。

（4）你同时也收到你左边成员递给你已记录下他/她想法的 A4 纸。

阶段二：阅读传过来的 A4 纸上便利贴里的创意点子，在新的便利贴上写下另外 3 个关于你对创意问题（HMW）的想法，您可以：

（1）根据 A4 纸张上已贴的便利贴的想法，强化它们。

（2）依纸 A4 纸张上已贴的便利贴的想法进一步加以变化。

（3）增加全新的想法。

重复前面的步骤，直至每个人都在每张 A4 张纸上写下他/她的想法。

阶段三：把所有的创意点子，移到一张大白纸（不小于 90×60 平方厘米）上，然后：

（1）针对每个点子，由提出者进行解释，澄清其想法。

（2）团队成员随时提出自己的疑问和建议，但不允许批判。

（3）点子提出者认真回应并及时记录，根据需要增加、修改想法，但不建议删减点子。

（4）整理全部的点子，重复的可以合并，并仔细全盘思考审视全部点子。

（5）全体成员认真思考，尽力补充丰富还有可能的创意想法。

5. 曼陀罗—九宫格法

曼陀罗思考法又叫九宫格思考法，也属于一种思维导图的形式，其最大的特色是运用一张内含核心的 3×3 九宫格来表现整体与局部的相互关系与平衡，从而进行多元化的思考。

曼陀罗法的基本步骤就是首先在九宫格中间的格子里填写主题，然后依据特定的关系向外延伸，这种关系可以有许多种选择，在它周围的八个格子里写下相关要素，这样一来就可以将主题具体化，并导向更实际的应用。

在图 6-2 中，“白色”是我们既定的主题，我们可以向九宫格的其余八个维度进行思维扩充，这里扩充的路径可以不受束缚，依照个人思维的特征和能力尽量扩散出去，形成另外与“白色”存在某种链接的 8 个分主题：死亡、纯洁、日光灯……；在此基础上，我们继续以每一个分主题进行下一轮的思维发散，持续进行下去，可以无限打开我们的思维。

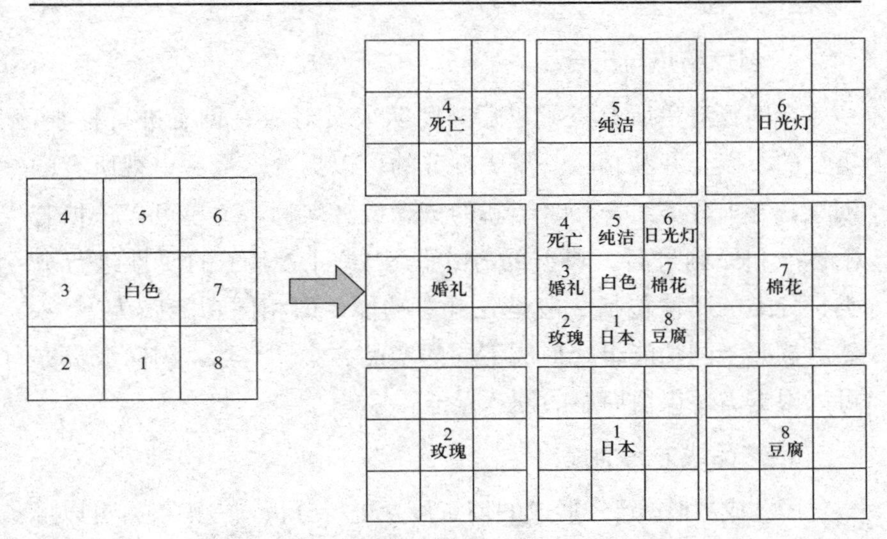

图 6-2　曼陀罗—九宫格法应用示例图

四、创意组合与评估

经过创意发想阶段，创新创业团队一般会共创出大量的创意点子，这些创意会分布于既定创新领域的各个方向、各个层次。有的是对创造性解决问题的整体框架的思考，有的是具体落实措施，有的可能就是一个小的改进。

接下来的工作是对所有点子进行组织、评估与筛选，并进而针对实际情况对具体创意方案的落实做出战略规划和进度安排。

（一）创意组合

这里需要创新团队对全部点子进行精炼与组合，为最终形成对既定问题的解决方案提供直接素材。实践中的基本步骤如下。

1. 创意的澄清与交流

全体创新成员就所有创意点子进行呈现，可以列表、绘画、视频等任何适宜的形式，并就这些点子进行解释说明，创新团队成员可以进行质疑、批评与建议等，以帮助团队把创意进一步补充与完善。

2. 创意精炼与组合

在阐释清楚所有点子以后，团队成员对所有创意进行核查，重复的予以合并和删除，需要拆分的可以拆分。最后审视所有的创意，寻求分类组合并赋予新的概念或者名称，这里可以依据若干标准和原则进行，典型的方式是按照创意点子的属性进行分类，分类的属性包括一般是先针对功能，即相同功能归为一类，然后按照不同功能组合形成不同的产品方案。当然，团队成员亦可以根据需要保留原始的创意点子。

3. 产品或方案的提出

团队成员根据已经形成的创意概念进行分析，考虑是否可以形成某种新的产品概念、解决方案。这里我们建议如果能形成一个相对完整的产品或解决方案的话，就尽量整合；如果相关的创意概念相对不成熟、较为单一或者难以形成更大范围的组合，亦可以保留。

（二）创意评估

进一步对已经筛选评估出的创意点子、概念组合、解决方案进行凭据与抉择，给创新创业团队提出了挑战，很多组织、团队和个人都会纠结于此，俗语所说的“选择困难症”也许就会在这里重现。理论研究专家和实践者为解决这类问题也探索出来不少卓有成效的工具，我们在这里主要给大家介绍普氏矩阵和意大利著名设计创新公司阿莱西的方法。

1. 普氏（Pugh）矩阵

前期初步形成创意点子、概念或者解决方案一般会包括若干个，决策矩阵（Decision Matrix，Selection Matrix）是解决这里挑战的优秀工具，决策矩阵是风险型决策常用的分析手段之一，又称“决策表”“益损矩阵”“风险矩阵”。从各种的可能选择方案中得出最佳的设计概念，以满足各项需求准则，可以通过整合各种设计概念，强化设计结果。比较有代表性的是采用 Pugh 概念选择决策矩阵。

（1）概念。Pugh 概念选择法是由英国苏格兰的思克莱德大学教授斯图亚特·普（Stuart Pugh）所发展出来的决策矩阵。作为一种表格格式的工具，由产品属性（或特征）矩阵和替代产品概念以及一个称为基准（参考）的产品组成。这一方法有助于进行结构化的概念选择，通常是先组建多学科的专业人士团队，聚焦于筛选评估优秀的产品概念或者解决方案。

（2）基本步骤。该方法可以在等权重和不等权重两种类型中轻松切换，Pugh 矩阵决策的基本过程如下[①]：

——通过所有团队成员的输入创建矩阵。矩阵的行由基于客户需求的产品属性组成（也即评价标准），列的内容表示不同的待选产品概念或方案。同时，指定一个基准方案，这个基准方案可以来自于现用方案，亦可以是任意方案之一（见表 6-2）。

表 6-2　Pugh 评价空白表

评价属性	基准方案		A	B	C	D
1	0					
2	0					
3	0					
4	0					

——每个产品概念或方案都要依据既定的评价属进行评估打分。该过程使用“与基准相同（0）”“优于基准”（+1）或“比基准差”（−1）的分类评价指标（见表 6-3）。

①注：本部分内容的表格参考 www. decision-making-confidence. com 后翻译而成。

表 6-3 Pugh 评价打分示例

评价属性	基准方案		A	B	C	D
1	0		+1			
2	0		0			
3	0		+1			
4	0		−1			

——每个产品概念或方案的得分是通过简单地在每一列中加上加号和减号的数量得到的。净得分最高的产品概念或方案（加号总和负号之和）被认为是首选选项（见表 6-4）。

表 6-4 Pugh 评价打分汇总

评价属性	基准方案		A	B	C	D
1	0		+1	−1	0	+1
2	0		0	−1	0	+1
3	0		+1	+1	+1	0
4	0		−1	0	0	+1

这其中，每个概念和方案得分为：A（+1）；B（−1）；C（+1）；D（+3），因此首选项为 D。

——如果加上权重，重新进行集中计算（见表 6-5）。

表 6-5 考虑权重的 Pugh 评价打分汇总

评价属性	基准方案	权重	A	B	C	D
1	0	2	+2	−2	0	+2
2	0	4	0	−4	0	+4
3	0	3	+3	+3	+3	0
4	0	5	−5	0	0	+5

这其中，每个概念和方案加权后得分为：A（0）；B（－3）；C（＋3）；D（＋11），因此首选项仍为D，但是可以显著地发现，这里的评价结果选项D的优势明显被扩大。因此，权重的作用得以证明，同时创新团队也需要根据实际需要灵活地加入权重这一参数。

（3）应用说明。这里需要注意的是，创新团队在抉择时，可能面临不同创意点子之间的组合，反复应用Pugh氏矩阵，通过多次迭代来筛选不同组合的优越性，帮助做出最终决策。

另外，当不同组合的评价较为接近时，可以通过提高权重赋值阶差、评价分值拉大的方法实现，最终使得评价总分产生一个较大、可以有效区别的差异，帮助高效决策。

2. 阿莱西评估方案

经过创意组合评估后，仍然可能存在若干产品或者解决方案较为类似，尤其是面对商业环境时，可能需要综合考虑除了产品本身之外，包括价格、功能等较为现实性的要素。意大利知名设计公司阿莱西公司提供了一个简便易行的成功公式。

该公式提供了包括产品内在意义、产品功能、产品语言、产品价格四个维度的评价维度，每个维度设置了5级评价指标。该公式亦可以结合Pugh矩阵进行维度设置、指标赋值，并给予权重，最终使用评分结果进行决策。具体维度和指标如图6-3所示。①

①注：引自罗伯特·维甘提．第三种创新：设计驱动式创新如何缔造新的竞争法则［M］．北京：中国人民大学出版社，2014.

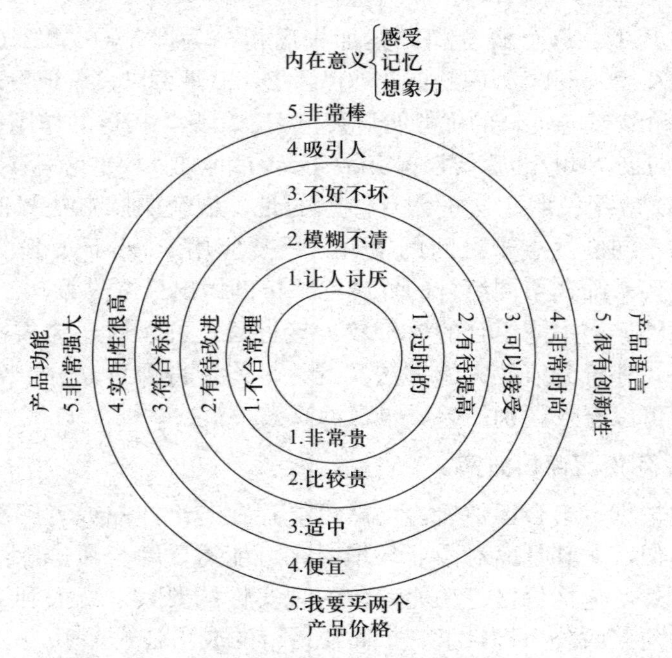

图 6-3　阿莱西产品评估法

3. 需求评估与开发布局

创意对应着特定产品功能，产品功能是为了满足目标用户的需求，在众多产品功能属性里面，这些功能可以实现的用户需求对用户整体满意度的影响如何，其先后顺序是怎样的？这对于接下来创意实现、产品功能开发的紧迫程度起到关键性的作用。采用 KANO 模型进行需求评估是实践界较为通用的方法。

· KANO 需求评估

KANO 模型是东京理工大学教授狩野纪昭（Noriaki Kano）在双因素理论的基础上发明，以分析用户需求对用户满意的影响为基础，通过刻画产品性能和用户满意之间的非线性关系，对用户需求分类和优先排序的有效工具。

（1）基本原理。管理学界的行为科学家赫兹伯格的双因素理论是 KANO 模型的理论基础，受其启发，KANO 把保健因素、激励因素扩充为 5 个方面，这 5 个方面的品质特性的分类是建立在严密的理论分析和建模统计分析基础上的，其模型如图 6-4 所示。

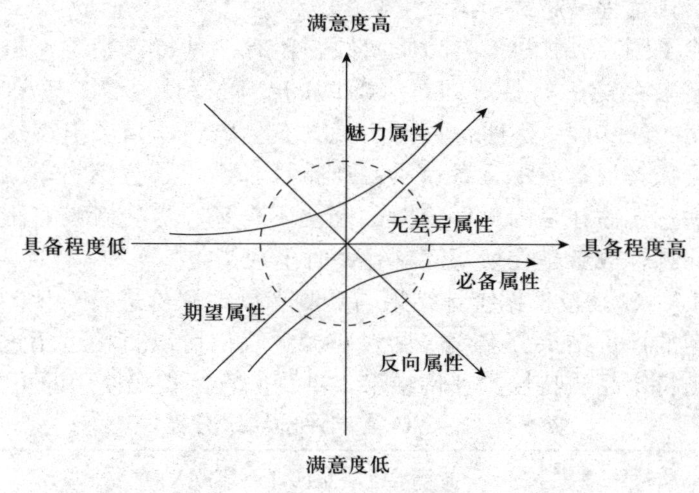

图 6-4　KANO 需求评估分类

也就是根据不同类型的品质特性具备程度与顾客满意度之间的关系，狩野教授将产品服务的品质特性分为以下五类：

A. 基本（必备）型品质特性（M）——Must-be Quality/ Basic Quality。用户对这类产品/服务品质因素认为是一定、理所当然要有的功能/服务/特性。有是正常现象、应该的；不会因为有就觉得满意，但没有这一特性会导致用户产生不满。

B. 期望（意愿）型品质特性（O）——One-dimensional Quality/ Performance Quality。用户的满意度与这种特性的具备程度成比例关系，这种品质特性具备程度越高，用户的满意度就会越高。

C. 兴奋（魅力）型品质特性（A）—Attractive Quality/ Excitement Quality。用户没有想到会存在的品质特性，超出用户的期望与想象了，让用户觉得惊喜。如果具备，则会让使用者感到满意，而且具备程度越高，用户的满意度会飙升；但如没有这一属性，用户觉得也是正常现象，也不会因此表现出明显的不满。

D. 无差异型品质特性（I）——Indifferent Quality/Neutral Quality。这种品质属性具备不具备，对用户来说因素无所谓。

E. 反向（逆向）型品质特性（R）——Reverse Quality。用

户不需要这种品质特性，该特性具备程度与用户满意度呈反比例关系，具备程度越高，满意度越低。

除了图 6-4 中的 5 类品质属性，还有一种特殊情况，也就是评估结果存疑的特性，即：有疑问的品质特性（Q）——Questionable Quality。这种品质特性一般不会出现，如果出现这种结果，意味着具备或不具备这种品质特性，用户都会满意，或者都会不满意。往往是因为评价时的问法不合理、受测者没有很好地理解问题，或者是在填写问题答案时出现错误。

KANO 教授根据统计结果与受测者反馈评价进行对比，给出了固定的评价结果分类表（见表 6-6）。我们可以直接运用这个表格得出特定品质特性的评价结果，供我们直接查找使用即可。

表 6-6　KANO 需求评价结果分类表

品质特性		负向（不具备 XX）				
	量表	喜欢	应该的	无所谓	能忍受	不喜欢
正向（具备 XX）	喜欢	Q	A	A	A	O
	应该的	R	I	I	I	M
	无所谓	R	I	I	I	M
	能忍受	R	I	I	I	M
	不喜欢	R	R	R	R	Q

我们可以根据这几类需求的属性做出最基本的判断，在产品开发过程中，各类品质属性对应的需求开发的优先级顺序是：M>O>A。

（2）内容与步骤。KANO 的具体应用过程较为简单易行，主要包括：

——发问卷，受测者针对正向问题、负向问题，在品质特性评价表里，分别各在 5 个选项选出一个最接近自己的感受。

正向问题：

如果具备这个特性时，你觉得如何？				
1. 喜欢	2. 应该的	3. 无所谓	4. 能忍受	5. 不喜欢

负向问题：

如果不具备这个特性时，你觉得如何？				
1. 喜欢	2. 应该的	3. 无所谓	4. 能忍受	5. 不喜欢

最终必然出现一个正、负向问题答案的二维组合答案，然后去查对应的“评价结果分类表”。

——对照“评价结果分类表”，每张问卷都有一个英文代号（A，O，M，I，R，Q）。

——统计完所有的英文代号数量，换算成百分比，按照占比数量最高的特性确定最终的分析结果，如表 6-7 中“I”占比最高，为 40%，所以分析结果为“I”。

表 6-7 KANO 需求分析结果

品质特性	A	O	M	I	R	Q	分析结果
XX 特性	30	10	10	40	10	0	I

• 套用计算公式，算出 SI 满意影响力和 DSI 不满意影响力的数值。

SI＝（A＋O）/（A＋O＋M＋I）

DSI＝（－1）×（O＋M）/（A＋O＋M＋I）

• 用影响力数值当坐标，把该功能标在 KANO 模型分析结果上，如图 6-5 所示。

• 决定行动方向

A. 在图 6-5 中，坐标原点在左上角，同时请注意纵横坐标轴的定义值。

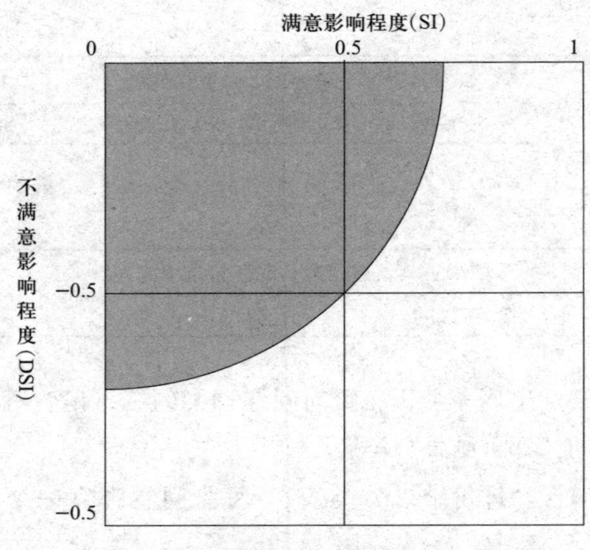

图 6-5 KANO 需求评估满意影响力分析

B. 对照敏感性分析结果，通过确定每个功能的纵横坐标，从而把该功能落点在哪一个位置标出来。

C. 按照卡诺评判的标准，落在灰色圈子里的就是品质特性敏感性不大，可暂时不予以考虑的功能；而落在灰色圈子以外的则属于具有较强品质特性敏感性的功能特点，需要考虑。

请注意，离原点越远的优先程度越大。

· 开发布局

我们在开篇中就介绍过，设计思维致力于解决复杂的问题，现实中复杂问题的解决方案可能会涉及众多利益相关者，其利益和需求交互影响，经过团队创意开发所得到的创意方案可能也会很多。将这些方案落地实施就必然面临一个开发次序和总体布局的问题。

相关话题我们在上一章讨论关于 HMW 的布局时已经探讨过，同样的思路和方法供大家选择，也即综合考虑组织战略和资源，使用价值—成本评估、主辅异同功能评估等工具，请大家参考，在此不再赘述。

【扩展阅读】行动学习法

行动学习法（Action learning），是为教育培训与咨询服务领域广泛应用的一种团队学习组织方式，最早产生于欧洲，为英国的雷格·瑞文斯（Reg Revans）教授于1940年左右提出，并将其应用于英格兰和威尔士煤矿业的组织培训，因此，雷格·瑞文斯也被尊称为“行动学习之父”。行动学习法的拥护者中包括著名的通用电气首席执行官杰克·韦尔奇（Jack Welch）和美国南航空公司总裁赫布·凯莱赫（Herb Kelleher）。通用电气推行的“成果论培训计划”实际就是一种行动学习法，而后者更是在公司实践商业动作中首先推行行动学习理论的先驱。现已为主流商管教育如MBA及EMBA的领导力发展、创新教练孵化创新项目等都广为应用。

行动学习法是对“干中学（learning by doing）”和建构主义理念的深度应用，在实践中，往往是通过提出一个重要现实性棘手的问题为载体，学习者组成跨专业的团队，群策群力，互相支持，分享知识与经验，在较长的一段时间内，学习团队里的成员，解决这些棘手的难题，实现对实际工作中的问题、任务、项目等进行处理，达到既定目标。

在设计思维创新实践中，行动学习法是一种可供借鉴的较为优秀的工具方法，尤其是亟待创造性解决方案的现实性的难题，可以在设计思维创新方法论框架下，采用行动学习的组织方式由团队完成创新创业实践的共创。

第七章　原型测试与迭代

在完成创意的开发、评估及筛选以后，组织或创新创业团队就要聚焦于把创意变成现实了，但是，盲目地快速实现创意很容易落入一个陷阱，那就是产品或服务距离用户的真实需求存在很大差异，前期过程中总会存在诸多因素使得创新团队偏离初衷，抑或没能准确把握用户的真实想法，甚至即便是需求把握很准确，在具体产品的结构、质量、样式等方面并不是用户真正想要的样子。

为了防止上述错误或者偏差导致产品服务开发出来后以失败而告终，为组织或创新创业团队带来巨大损失甚至是灭顶之灾，设计思维创新方法论提供了一个试错的步骤——原型（Prototype）打造与呈现，并通过把原型传递给未来用户，让其获得体验并反馈意见，经过这种测试与反复迭代，帮助创新团队降低风险与成本，提高创新创业的成功率。

一、原型呈现

原型的思想并非西方人独创，而是人类社会发展过程中共同智慧的结晶，具有源远流长的历史。我国古代的木工制图、工具冶炼等劳动实践中早就有原型的思想与具体应用。到了近现代，随着西方率先开始工业革命与资本主义经济的发展，工程及管理科学发展迅猛，在理论和应用实践方面，西方国家走在了我们的前面。而在我国社会主义建设过程中，“摸着石头过河的说法”

“包产到户”的试点、深圳改革开放的试点城市等都是典型的原型思想。

美国学者萨拉斯（Saras Sarasvathy）教授于2001年提出了效果推理理论，其核心思想就是强调创新创业者在面临在不确定情形下，应秉承效果逻辑的四项基本原则：可承受的损失而不是收益最大、战略联盟而不是竞争、充分利用偶然事件而不是已有知识、控制而不是预测未来等。由此可见，效果逻辑提倡在面对高不确定性和资源短缺困境时，实事求是、因地制宜地持续探索与迭代。

当然，包括效果推理、精益创业等前人的理论成果，包括设计思维创新方法论中，都把原型视作重要的一个环节，并提供了很多实用性较强的方法与工具。在斯坦福大学 d. school 的5步骤模型、英国设计委员会的双钻石模型中，原型都是把创意变成真正的产品和方案前的一个重要环节，足见原型的重要性所在。

（一）原型的概念、目的与原则

1. 原型的概念

迄今为止，不管是理论界还是实践界，都尚未对原型的概念达成统一的表述。简单地说，原型是一种让用户提前体验产品、交流设计构想、展示复杂系统的方式。就本质而言，原型是一种沟通工具。结合具体的应用领域而言，原型是某物（尤指机器）的最初或初步模型，在此基础上发展或复制其他形式、公司正在测试产品的原型；建筑物、交通工具或其他作为全尺寸模型的模式；运用各种电子器件模拟某种功能的电子设备的雏形、小规模实验体等。

2. 原型的目的

如前所述，原型是创新产品开发过程中非常关键的一环。打造原型的目的主要有以下 4 个方面。

（1）呈现创意、概念、解决方案，让 idea，concept，solution 能够看得到、听得见、摸得着，把抽象的、难以理解和琢磨的，变成具体的、可以感受的。

（2）通过制作和应用原型促进创新团队成员之间进行交流思考，帮助进一步理解和优化，甚至可以促进新的创意点子的产生。

（3）通过原型制作，提供可以使用者体验的具象物，从而获得使用者最直接的感受、建议，以便把握原型存在吸引使用者的地方、存在哪些不足与缺点，从而获得真实有效的反馈，为进一步优化产品提供依据。

（4）原型阶段，尚未投入大量人力、物力、财力等资源，发现问题可以及时修正，这样可以有效降低产品开发风险，避免走弯路、回头路，提高成功率。

3. 原型呈现的原则

基于原型的目的，在制作并呈现原型的过程中，实践者提供了一些较为通用的原则，供参考借鉴。

（1）毋需美化。原型不追求艺术美化，不需要考虑美观、色彩美观、样式别致等方面的内容，避免陷入审美细节，尽可能快速的导出想法才是关键，甚至越是丑陋越有助于体验者反馈，先入为主的美化会排斥体验者的消费者主权，不利于多样性，也不利于亲近用户。初期在美观艺术感上投入过多，太过完美的话，会使得设计者依恋它，产生爱屋及乌的心理倾向，即便是缺点也能接受，使得创新者很难继续探索，继续寻找更好的实现方式。

（2）粗陋极简。原型要求只具备粗线条的框架即可，不要求一开始就具备所有的功能，越简单越好，追求极简原则，唯一的准则就是能够帮助创新团队把创意点子、概念和解决方案让体验者理解即可。初始原型的核心目标是帮助体验者能够理解未来产品的重要功能和创新价值，但并不是当时就要实现。

（3）快速实现。市场竞争讲究以快为上，原型的存在就是为了帮助我们快速地进行产品或方案概念的推出，让未来用户提出他们的体验、建议，实现以人为本、以用户为中心。所以，原型能够以最快的速度实现，就可以最快的速度迭代，以最快的速度打造出用户真正需要的产品，从而占领市场先机，获得竞争优势，助推组织核心竞争力建设。

（4）就地取材。原型的制作，尤其是最初的原型，不需要具备功能，所以对材料没有要求，不需要舍近求远，过分追求材料的匹配性，只需要能够有助于呈现即可。完全可以根据周边的情况，灵活选用身边的材料。比如 IDEO 公司的总裁蒂姆·布朗（Tim Brown）曾经提到的一个案例，当医生向设计者描绘一个探查式手术仪器时，设计者随手抓起小夹子、胶带、塑料盒，进行简单的组合，就做出了一个原型的样子，足以帮助刻画出未来产品的概念，如图 7-1 所示。①

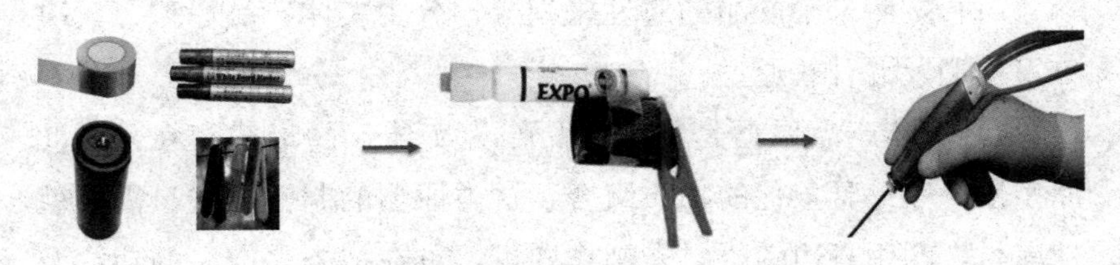

图 7-1 原型制作示意图

（5）低分辨率。原型在细节上不做要求，也就是说完全没必要考虑原型诸个部分之间的连接、尺寸、颜色等要求，保持较低的分辨率，有助于随时做出调整，而不至于因为前期在细节上投入太多，而不舍得求调整优化。

（6）用手思考。原型强调的是尽量减少描述与解说，通过动

①Brown T. Design Thinking［J］. Harvard Business Review. 2008，86（6）：84—92.

手操作，甚至包括肢体的配合，来实现呈现。在动手的过程中，同时调动左右脑和身体各部分参与，可以帮助创新团队全身心地投入，把创意点子、概念或者方案从抽象的概念以2D、3D甚至多维的方式呈现出来。

（二）原型类型、迭代路径与步骤

原型存在多种类型，在不同领域以不同的路径、方式方法实现。了解创新领域的特征并把握特定原型类型，同时理解原型迭代升级的路径，对我们充分利用并挖掘原型的作用具有重要意义。

1. 原型的类型

原型的类型具有多种分类方式，按照未来产品的属性可以划分为实体产品原型、解决方案原型以及混合式原型；按照保真度来分，可以划分为低保真、中保真、高保真原型三种。当然，实践中亦可以按照其他标准进行分类，在这里笔者只介绍这两种实践中最为常用的分类方式。

（1）按照未来产品的属性来划分，分为实体产品原型、解决方案原型及混合式原型。

1）实体产品原型是未来产品作为实体产品形式存在，因此原型也必然是具象化的物质组合，这类原型的制作往往只需要就地取材，利用身边的材料来制作即可，重在把未来产品的功能及价值提供一个展现的载体即可。

2）解决方案原型不会产出实体产品，而只是一种模式、流程、框架、制度、体系、服务、交互关系等无形的产品，比如就诊流程、企业制度、保健治疗服务等。

3）混合式原型则指的是既有实体产品，又有解决方案的结合体，现实中这些产品也非常多，比如针灸、美发等，既需要工具和用品，也需要服务人员的无形服务。

（2）按照保真度划分，分为低保真原型、中保真原型和高保真原型。

1）低保真原型指的是最初期的粗坯，只要求可以作为载体有助于解释未来产品的结构、功能与价值即可，不要求具备产品的任何功能。

2）中保真原型则是在低保真原型的基础上，实现未来产品的部分或者主要功能，主要目的是能够让目标用户体验到产品的主要功能和创新价值。

3）高保真原型则是实现最终产品前的最后一环，往往要求具备全部的产品功能，能够让目标用户很方便地体验这些功能，并切实体会产品的主要创新价值，但是不需要对产品的外观、颜色、尺寸等细节上做出要求。

2. 原型的迭代路径

通过原型的方法，创新团队得以把自己的创意点子、概念或解决方案通过可以呈现的载体形式实现未来目标用户的认知、体验和反馈，并根据反馈不断修正原型，按照低保真、中保真到高保真的路径逐次迭代优化，最终打造出令用户满意的产品，提供用户优秀的产品和良好体验。

具体来讲，原型从低保真到高保真迭代过程，是诸多方面通过反馈进行优化的过程。实践中，这些方面可以包括：功能、材料、色彩、特征等，最终实现产品功能的充分挖掘，实现用户感官体验的细节化、全面化、交互性，满足用户深度体验，帮助其清晰认真产品或方案的创新价值（见表 7-1）。

表 7-1　原型迭代路径

保真度属性	低保真 →	中保真 →	高保真
功能	实现快速认知和简单体验，可以只介绍说明功能，但不需要具体实现	具备部分、关键功能，暂时不考虑辅助功能，允许次要部分不体现或者简单体现	完整的功能设计方案，包括各种感觉体验都尽量实现，囊括全部功能
材料	就地取材，越方便廉价、成本越低越好，废料、文具、家用工具都可以。可以快速实现	关键功能部分采用真实或者相似材料，材料不需要齐全。在实现时间和整体质量之间取得平衡	材料真实，软硬件协同，可以中试。难度和成本过大时可以采用替代材料。非常耗时
样式	不作要求，有什么颜色就使用什么颜色，尺寸等展示方便、不影响整体功能呈现就好	有关主要功能的色彩、样式、结构等要求实现，次要部分可以随意实现	色彩、样式、机构、尺寸都达到真品级别，配合整体功能的实现，无关细节可以忽略
交互性	极其有限的交互作用，不涉及具体细节和流程，极少与用户交叉互动	关键功能部分要求互动性强，可以实现体验和测试，获得关键价值体验	实现真品级别的交互功能，主要的功能细节可以实现交互提供主要价值交互体验

3. 原型的步骤

从具体微观操作角度来说，原型打造的主要步骤可简要概括为：

（1）概略草图。采取画出流程图、机构图、关系图、功能图等各种草图的方式，把创意点子进行提料、简要表达，这一步最好限定时间完成，比如 15 分钟以内。可以绘画，但不建议过分关注绘画的质量，防止陷入审美陷阱。草图的绘制除了可以使用传统的纸、笔、尺子等工具外，也可以使用各种软件工具，包括专业的各种软件工具。

（2）演示评论。借助已有的概略草图，在创新创业团队内部进行演示，并互相研讨，根据团队意见与建议，然后进一步完善想法。在演示过程中，应有专人做好记录，给演示和评论都留有充分的时间，可以对半分。

（3）原型制作。在团队明确想法并达成一致以后，可以在团队内部做好分工协作，并准备好相应的原型材料和工具，然后进行原型设计。原型阶段需要考虑很多方面的内容，从而找出切实可行的方案，运用合适的原型来表达。

（4）实地测试。原型的核心目标是让未来目标用户体验、认知与反馈，并修正优化，直到能够充分满足用户需求为止，这中间可以采用音视频捕捉、眼动仪等设备全面仔细把握用户体验的细节，掌握产品或服务被用户使用过程中的体验。

（三）原型呈现的方式

随着科学技术的发展，各种新兴的技术和工具被广泛应用到创新实践的各个环节。在原型打造过程中，除了传统的日常生活用具，也集合了不少新兴的高科技工具。普通的创新工作坊里都配备了比如基本文具、塑料模具、玩具模型颗粒、纸板和木板等。而条件较好的工作坊则往往会配备陶泥转盘机、除尘机、电锯、数控机床、3D打印机等各种科技含量较高的工具。这些工具的配备为丰富原型的呈现方式奠定了基础，使得制作各种类别的原型变得较为简单。

1. 文具原型

借用工作、学习环境中常见的文具，包括纸、笔、胶带、剪刀、橡皮等，实现较为原始的原型制作。这种方法操作简单，成本低，快速高效，在创新教学、初始研讨方面效果突出，被广泛采用，但是缺点是可能受到文具品类偏少的限制，影响创意的充分表达。

2. 仿真设计

仿真设计往往针对是那些混合式原型，只能通过预先设计的情境、故事情节安排，以表演的形式提供服务体验或服务过程，把可能产生的情绪、感受、反应表现出来，但并不需要用户亲自体验，这是一种以接近戏剧表演的方式提供原型认知和体验的方法，其成本当然会远低于提供真实的产品与服务过程给用户体验。

3. 故事版

故事版（Storyboard），也被称为“故事图”，这种方法参考了影视剧制作所常用的方法。影视剧拍摄前，以图表、图示的方式说明影像的构成，将连续画面分解成以一次运镜为单位，并且标注运镜方式、时间长度、对白、特效等，也有人将故事板称为“可视剧本”（Visual Script），让导演、摄影师、布景师和演员在镜头开拍之前，对镜头建立起统一的视觉概念。在电影拍摄期间，为了让一个庞大的剧组协调工作，那么，解释剧本、解释导演意图和工作要求的最好的办法就是“看”，当一场戏的场景动作、拍摄、布景等因素比较复杂而难以解释时，故事板可以很轻松地让整个剧组建立起清晰的拍摄概念。

原型制作当然也可以借助这种较为专业的方法，实现对于那些具有较为复杂的流程、情节的服务体验的原型制作。

4. 情境展现

这种方法指的是由创新团队成员设计、分工协作、以角色扮演和即兴表演的方式展现出来，往往对团队成员的表演能力提出较高的要求。这种方法往往对应于解决方案或者混合式原型，以情景剧的形式呈现解决方案原型，并通过拍摄视频的方式保存下来，供创新团队及相关人员审视评估，以进一步优化提升。

5. 实体模型

主要针对的是实体产品原型，利用手边现有的材料制作出较低分辨率的模型出来，所使用的材料可以就地取材，亦可以预先准备。除了一般普通素材以外，亦可提前准备诸如橡皮泥、纸板、彩纸、彩笔、胶带、玩具拼图块、木工材料等各种设备、器具与材料。这也是诸多具有一定实力的创新空间的标配，诸如斯坦福大学 d. school、清华大学 iCenter、北京联合大学创新工坊等高校，以及包括华为、腾旭、小米等创新公司都建有专门的创新空间，并购置了较为齐全的模型材料。

6. 软件建模

随着 ICT 行业的发展，计算机软硬件发展迅猛，层出不穷的软件及手机 APP 目前都可以作为绘制电子立体图的工具，除了需要专业的软件知识及熟练操作技巧外，这种软件建模的方式不需要其他任何材料，所以成本较低，而且便于修改、拷贝和展示。

7. 电子模具

机械及电子工程等行业的发展使得电子元器件的成本迅速降低，国内外都有许多针对青少年的科技课程，训练的都是创意、设计及动手制作能力，同时也为原型制作，尤其是有关电子产品的产品原型提供丰富的素材。以理工科著称的斯坦福大学，在 d. school 入门处等经常可以看到各种以电子元器件为基础的原型，而且不少还具有一定的功能。

8. 3D 打印

3D 打印机是近些年刚刚发展起来的一种科技设备，被广泛应用于 3D 成型，这种新型技术给原型制作提供极佳的选择。当然，3D 打印需要以软件建模为基础，进而使用打印机使用塑料等打印耗材塑造出一个立体的实际模型出来，可以按比例展现未来产品的结构、尺寸、颜色，甚至各种微妙的细节。近些年 3D 打印机由于其独特的性能，已成为各类单位创新空间的标配。

二、原型测试与优化

打造出适宜的原型后，选取科学合理的通道与方式把原型呈现在目标用户面前等相关领域人士面前，接受检验，让他们质询、体验、批评等，获得直接的反馈意见，并进而实现多次迭代优化，才能创造出真正令用户满意的产品或服务。因此，原型测试与迭代优化是设计思维创新方法非常关键的一环。

（一）原型测试的目的与意义

1. 原型测试的目的

（1）验证。原型测试既是对人本主义设计（HCD）、用户中心理念的验证，又是对业已完成的各项工作成效的验证。验证是否真正理解和把握了目标用户的真实需求，是否创造出了真正的用户价值，能否受到用户的热烈欢迎、是否打动了用户的心灵，是否能够成为一个成功的产品或方案。

（2）发现。通过原型测试，来发现创新实践所遵循的理论、理念有哪些不足，有哪些步骤和流程出现了偏差，所采用的工具和方法有哪些问题，产品设计存在哪些缺陷，用户喜欢或不喜欢哪些功能和操作方式、原因是什么，找到改进的方向和路径，让设计者更清楚了解客户的真正需要。

（3）评价。通过原型测试，让用户对原型成品进行评价，包括对原型产品的总体评价，以及具体功能、属性、产品特征、质量及定位、价值及价格水平等，通过用户评价找出用户满意或不满意的原因，同时亦应该通过原型产品与竞争对手产品，消费者心中最理想的产品进行比较评价，找出原型中需要修改的部分进行改进，提高原型的可用性和吸引力（意义及价值）。

（4）优化。按照人本主义的设计观点以及用户中心的理念，通过对产品原型的测试，就发现的缺陷和不足，尤其是用户的期待，确定原型改进的方向。并可以通过测试初步认知产品的商业前景，通过了解用户实际体验原型产品的偏好和反馈，为优化产品外包装设计和品质，探索如何提升未来产品对各种目标用户的吸引力，为未来的营销策略获得依据。因此，通过原型测试，有助于对原型产品实现全方位的优化与升级。

2. 原型测试的意义

从以上原型呈现及测试的目的来看，原型对于创意开发具有非常重要的意义。

（1）精准界定产品功能。原型测试的重中之重就是功能的测试，通过测试，可以获得和验证明确的用户需求，实现对产品功能的属性及重要性排序，理解哪些是解决了用户的痛点与忧虑，哪些是帮助用户达成了既定目标，哪些是提升了用户体验，哪些是最令用户心动的地方。因此，有助于创新团队精准地界定产品功能。

（2）降低开发成本。一般来讲，原型的呈现与测试是一个循序渐进的过程，从低保真向高保真过度，减少试错的次数，降低试错成本，既能节省人力、物力及各种原材料，更重要的是可以少走弯路，加快创意实现和产品开发的速度，抢占市场先机。

（3）提高开发成功率。从控制学的角度来说，通过原型测试来避免本来可能会产生的错误与偏差，应当属于前馈或者预先控制的范畴，在“亡羊”之前“补牢”，实际上是在极大降低成本低同时，还提高了创意开发的成功率。

（4）提高管理效率。从组织经营管理和团队管理的角度来看，原型测试促进了效率的提升。在企业开发领域推行的敏捷开发与瀑布式开发，一直以来是包括软件行业在内的大型产品和解决方案的核心流程，但是这两者都经常面临典型的困扰，那就是开发团队所服务的客户经常变更需求，甚至这些开发活动本来什么就没有一个明确的标准，因此导致开发团队难以适从。原型测试思想和方法的采用，则有助于开发团队，在每一步都逐次获得了用户的满意和承诺，因此有助于开发效率的极大的提升。

（二）原型测试的方法

科技发展和经济发展水平的提高，使得产品和服务种类不断更新，实现原型测试的方法也随着发展变化。随着互联网技术的发展和新业态的产生，原型测试的方法也在不断丰富。在此，我们简要介绍几种常见和通用的原型测试方法供大家参考，主要包括：产品试用、情景体验、A/B测试、模拟服务、预售集资等。

1. 产品试用

这种方法主要针对实体产品，比如化妆品、服装、电子产品，甚至新型号汽车等都可以把初步成型的产品提供试用。所供试用的产品多为具备一定关键功能的中、高保真原型产品，低保真产品一般不太适用。测试主要为了获得用户试用后对产品功能、效果、外观、特性等方面的反馈，以获得相应地改进建议。

2. 情景体验

多为服务类产品或者解决方案的原型产品，提供试用的原型也多为具备一些关键功能的产品，主要测试用户在接受服务过程中的体验、感觉及情感、情绪的变化等。比如早些时候在机场、高铁、商场出现的按摩椅、充电宝等都提供过一定阶段免费使用体验，现在已经成功遍布这些场所。

3. A/B测试

这种方法往往针对的是服务产品原型，创新团队提供两种可供选择的路径，简单地将就是比较两个版本彼此的设计元素，来找出最成功版本的方法。比如网站的登录页面、模式等，供用户自行选择使用，而且两种路径的选择，后续服务内容和特征都存在较大差异，在获得较大量的使用数据后，用来分析用户的偏好与特征，掌握用户使用产品的规律，最终做出选择和优化。

4. 模拟服务

这种方式主要应用于服务方案的原型测试，简单地说就是提供并不真实存在的服务，而是一种模拟的或者角色临时扮演地提供服务。在实践中有绿野仙踪（又称奥兹巫师：Wizard of Oz）和看门管家（Concierge）两种方法。

前者借鉴大家熟知的童话故事，在服务原型测试时，由服务提供者扮演男巫的角色，呈现在用户面前的是完整的服务，但其实服务还在测试阶段，用户看到的是我们努力制造的“假象”。比如要测试街头的爆米花自动售卖机受不受欢迎，在不具备造价高昂的机器时，我们可以做一个机器外壳放在街头，如果用人投币，就会有一桶爆米花掉出来，当然爆米花不是用户以为的那样是自动的，而是有个人在里面往外面丢爆米花而已。而后者看门管家的方法和前者类似，只不过是由服务者提供了早期的真实服务，在后期验证过用户真实需求后，则通过其他替代方式来完成。

5. 预售集资

顾名思义，这种方式就是让用户在产品开发生产出来以前，预先直接对购买真实意向进行决策，看看我们的产品能否真正吸引用户，提供我们对产品信念上和资金上的支持，这种方式现在也被广泛应用。

比如某个培训师准备新开发一门课程，当他做好了课程大纲以后，还没完成整体课程的开发，为了避免开发课程失败或者不确定现有开发方向是否正确，那他就可以先进行广告宣传，让目标用户进行决策，甚至实行阶梯性定价，也就是保证一次课程总体收入最低限价的情况下，报名的人越多，总销售额增长不大，但是每个学员的单价持续降低。

在宣传的同时，这位培训师可以在此间与目标用户多加沟通，随时了解他们的各种意见、抱怨、担心等反馈信息，进一步了解并佐证目标用户的需求。如果能够很顺利地达成预售或者集资的目标，那至少在交付课程前所做的工作可以证明是符合市场需求的。

（三）测试后的优化

原型测试的过程是全面了解目标用户对原型产品或服务是否可以有效满足用户需求并吸引用户的关键环节，创新团队应注意尽量获取丰富、真实的信息，采用科学的方式记录并保存这些信息，为优化迭代原型产品奠定基础。

1. 测试注意事项

在测试过程中，必须注意把握一些原则，来保证测试的顺利进行和目标的达成。

（1）明确测试拟达到的目标，依据前期所采用的研究模型框架，拟定相应地测试方案、计划与具体做法。

（2）与受测者做好充分的沟通，说明测试的目标、流程、做法，并请对方配合。

（3）按照测试方案开展测试工作，做好测试反馈信息的记录工作，可以采用手写、音频、视频等形式，把握测试过程中用户对于每个点子的反应，可以按照所说的（say）、所做的（do）、所想的（think）、所感的（feel）四个维度观测与记录。

（4）测试过程中，注意不要尝试说服、不要质疑受测者，当处于短时间沉默状态时，要耐心等待他回应，给予他思考的过程。

（5）测试过程中，除了测试原型产品或服务对目标用户需求的吻合情况以外，还应了解未来产品或服务相关的商业环境、科学技术水平状况，供进一步发展产品决策使用。

（6）测试结束后，创新团队共同回忆并整理测试记录，提炼核心观点，并提供给下一步原型的优化迭代决策使用。

2. 优化与迭代

从以人为本的设计观点来看，原型测试的主要目的是为了持续接近用户的真实需求，所以依据的主要是测试所获得的信息。利用测试信息进行优化与迭代的工作主要包括以下几方面。

（1）首先关注首测用户所抱怨的内容，因为这会导致他们的不满，对用户体验和满意度影响最大，所以应当优先处理，消除用户的不满。

（2）按照以人为本、以用户为中心的理念，依据期初既定的研究框架，逐一对照用户反馈的信息，对其意见与建议进行分析，主要分析他们的理由，在尊重用户需求的同时，也要注意其需求在当下是否合理。

（3）不要追求一次把所有的问题都完成改进，不要追求完美，致力于把最重要的问题先解决，以持续迭代为主要逻辑。

（4）沿着低保真—中保真—高保真的路线迭代产品，追求最少的试错次数、最低的试错成本，反复多轮迭代，直到用户满意甚至迷恋我们的产品为止。

三、商业模式与迭代创新

市场经济条件下，尤其是在 VUCA 的时代背景下，任何一个公司都不可能靠一个产品长久保持竞争优势，“一招鲜，吃遍天”的现象不可能长久。诸如世界知名的高科技公司 Intel、苹果、华为等，不仅仅要持续与竞争对手竞争，甚至要努力与自己竞争，才能保持公司存续发展。因此，持续迭代创新必然是卓越的公司战略、组织、管理乃至产品与服务诸多层面的逻辑路径。而组织竞争优势的核心载体——产品或服务更是持续迭代升级的主要呈现，而且要追求与商业环境中各利益相关者的合作竞争，协同发展。

（一）商业模式规划

著名管理学家彼得·德鲁克说：“当今企业的竞争是商业模

式与商业模式的竞争。”[①] 新产品开发与上市的过程中，应提前考虑结合未来的目标用户探索合适的商业模式，既可以有效地测试产品与服务在商业环境中的适应能力，亦可以为未来的市场定位、以及与各类市场主体合作竞争奠定基础。

对商业模式的规划理论和实践中有很多丰富的成果和实践手段，较为代表性的是涵盖关键市场主体和核心业务事项的商业模式画布，是一个优秀的市场定位和商业规划工具。

1. 商业模式画布

商业模式画布（ Business Model Canvas）是亚历山大·奥斯特瓦德（Alexander Osterwalder）、伊夫·皮尼厄（Yves Pigneur）在《商业模式新生代》（Business Model Generation）中提出的一种用来描述商业模式、可视化商业模式、评估商业模式以及改变商业模式的通用语言。商业模式画布由 9 个基本构造块构成，涵盖了客户、提供物（产品/服务）、基础设施和财务生存能力四个方面，可以方便地描述和使用商业模式，来构建新的战略性替代方案（见图 7-1）。

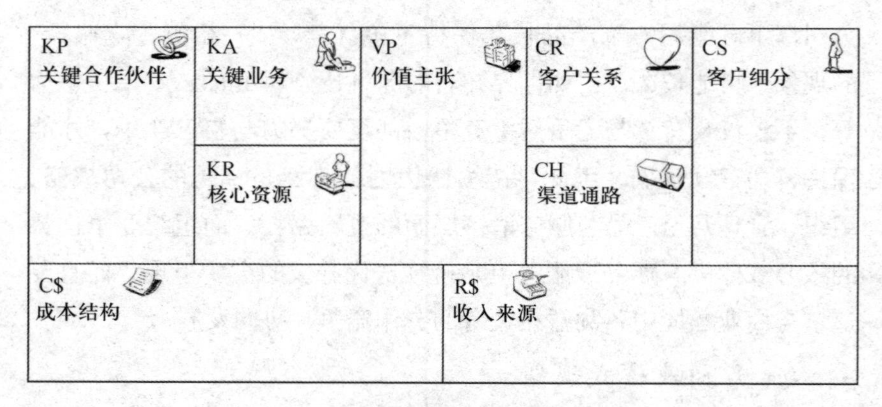

图 7-1　商业模式画布

① 源自《德鲁克日志》2009 年 6 月。

具体来说，商业模式画布的九个构造块及主要内容是：

• CS客户细分（Customer Segments）：组织所服务客户群体分类。

• VP价值主张（Value Propositions）：如何来解决客户难题和满足客户需求。

• CH渠道通路（Channels）：产品或服务价值向客户传递的通路。

• CR客户关系（Customer Relationships）：建立和维护与目标客户的关系。

• R$ 收入来源（Revenue Streams）：向谁提供价值，收入从哪里获得。

• KR核心资源（Key Resources）：组织所拥有的、支持产出产品或服务的重要资源。

• KA关键业务（Key Activities）：决定组织经营管理成败的关键业务活动。

• KP关键合作伙伴（Key Partnership）：主要的资源供应者、商业合作伙伴。

• C$ 成本结构（Cost Structure）：组织运营相关活动或要素的成本构成。

2. 商业模式测试与规划

商业模式画布很精炼地提供了组织开展商业活动的关键要素及核心动作，创新创业团队可以借助这一工具对新产品或服务进行必要的测试，逐渐找到相匹配的要素与活动，并与商业环境和自身特征相结合。

商业模式画布的各个要素及活动可以作为新产品或服务在进入正式商业运营阶段前的最后一步测试，测试的目标和内容可以涵盖商业模式画布的各个方面。通过有目的的测试，可以了解各类合作伙伴对我们产品的认知与评价，并获得他们的意见与建议；可以有助于明确组织的关键活动应该是哪些，并帮助认清组织或团队应该坚持的价值主张，即能为客户提供的核心价值是什么；可以借以分析清楚自身的核心资源与可利用的渠道与通路。在分析各关键要素的基础上，评估关键要素及活动所需投入的成本及结构，重点把握可能的主要收入来源有哪些。

由上述描述可以看出，通过借助商业模式画布这一工具，能够全方位地评估新开发产品和服务的商业环境适应能力，为进一步优化产品或服务提供了参考。与此同时，测试分析的过程，也是对产品和服务不断地设计商业模式并持续迭代优化的过程，开启并落实商业模式的整体规划及具体方案。

（二）产品升级与迭代创新

众所周知，在产品与服务推出市场以后，持续实现产品升级与迭代创新是企业保持竞争优势并打造核心竞争力的重要手段。斯坦福大学 d. school 创始人大卫·凯利（David Kelley）在其著作《创新自信力》中指出，成功的创新项目都要致力于平衡好三个方面的要素：技术可行性、商业可行性、人的需求，这也是设计思维创新秉承的理念。而在产品推出后的迭代升级时，仍然需要围绕这三个方面开展工作。

以无线通信领域为例，早在 20 世纪 90 年代，人们相互通信以固定电话、模拟手机（大哥大）为主，后来又推出了寻呼机、小灵通和 CDMA 手机等产品。转眼进入 21 世纪，这些产品都迅速被数字通讯手机所替代，使得摩托罗拉、诺基亚、三星、西门子等品牌手机盛极一时。很快随着科学技术的发展、商业模式的变革及人们需求的更新，智能手机横空出世，未能及时把握潮流的传统数字手机品牌很多都快速地消失了。苹果、华为、三星等品牌站到了潮流的浪尖之上。所以，作为创新创业者，不管是在一个大型企业内部、还是刚刚开始成立公司创业，理解并把握创新活动的三要素，并掌握科学的方法落地实践具有举足轻重的地位。这也正是本书的目的所在。

【扩展阅读】精益创业

精益创业（Lean Startup）是硅谷流行的一种创业方法论，它的核心思想是，先在市场中投入一个极简的原型产品，然后通过不断的学习和有价值的用户反馈，对产品进行快速迭代优化，以期适应市场。

精益创业由硅谷创业家埃里克·莱斯（Eric Ries）于2012年在其著作《精益创业》一书中首度提出。但其核心思想受到了另一位硅谷创业专家史蒂夫·布兰克（Steve Blank）的《四步创业法》中“客户开发”方式的很大影响，后者也为精益创业提供了很多精彩指点和案例。

精益创业的基本逻辑框架是：开发—测试—认知，其核心思想如同设计思维创新方法论深思，遵循初步开发、原型测试与迭代的过程。相应的，精益创业有3个主要工具是：“最小可用品”“客户反馈”“快速迭代”。

最小可用品（MVP），即最小化可行性产品：是指将创业者或者新产品的创意用最简洁的方式开发出来，可能是产品界面，也可以是能够交互操作的原型。它的好处是能够直观的被客户感知到，有助于激发客户的灵感、意见和建议从而获得较好的反馈。通常最小可用品有4个特点：体现了项目创意、能够测试和演示、功能极简、开发成本最低甚至是零成本。

客户反馈：是指通过直接或间接的方式，从最终用户那里获取针对该产品的意见。通过客户反馈渠道了解关键信息，包括：客户对产品的整体感觉、客户并不喜欢/并不需要的功能点、客户认为需要添加的新功能点、客户认为某些功能点应该改变的实现方式等；获得客户反馈的方式主要是现场使用、实地观察。对于精益创业者而言，一切活动都是围绕客户而进行，产品开发中的所有决策权都交给用户，因此，如果没有足够多的客户反馈，就不能称为精益创业。

快速迭代：是针对客户反馈意见以最快的速度进行调整，融合到新的版本中。在 VUCA 时代，速度比质量更重要，客户需求快速变化，抢占市场先机，就意味着构建了初步的竞争优势。因此，通过多次快速迭代逐步完善产品功能，让客户满意，而不是追求完美，一步到位。大到多数软件产品，小到一个小游戏和一个简单功能的 APP，大到微信和鸿蒙操作系统，都是隔段时间迭代一个新版本。

（注：根据百度网络资料整理而成）

第八章　设计思维创新工作坊

在众多理论学者大量深入的研究以及实践界持续应用发展的推动下，设计思维作为一个系统的创新方法论被广泛应用创新实践、创业活动、咨询服务与教育培训等诸多领域，并不断发展演化。本章我们将设计思维创新方法论的具体应用范围、工作坊的组织方式以及创新实验室的建设与应用等内容进行讨论。

一、设计思维创新应用范围

作为一种基于人本主义的创新方法论，设计思维具有广泛的应用空间，可以被广泛地应用于社会生活诸领域，大到全球政治、经济、文化、气候、贫困等问题，或者组织战略制定、经营管理、方案设计、营销策略等，小到个别组织、个人工作及生活领域的具体问题，都可以贯彻设计思维解决问题的以为本，把人放在问题中心的理念，灵活地运用相关结构化工具方法来探索问题的解决方案。

从微观具体的角度来说，设计思维创新方法论主要聚焦于创造性地实现问题解决方案的创意开发与创新实践活动，以及在包括机关、企事业单位、高等院校等各种组织内部所开展创新咨询、培训与教育活动。

（一）创意开发与创新活动

设计思维最大限度地站在客户的角度考虑问题，以发掘洞见客户的潜在需求为基础，通过采取各种科学合理的方法和手段推进卓越创意的产生和高水平的创新，其目标是开发出真正符合消费者需求的、极富竞争力的产品和服务。各种营利性的公司及非营利性的组织为了推出深度吻合目标用户需求的产品或服务，都纷纷引入并应用这一方法论。

如本书前文所提及，随着设计思维创新理论研究和实践探索的不断深入，已扩散到社会生活的各个领域。企业层面的组织战略创新、产品开发与创意设计、服务设计等诸多领域的创意开发与创新活动、社会公益领域的服务方案探索、全球范围的贫困与气候等复杂性问题的解决方案创新等，很多领域的创意开发与创新实践都应用了设计思维创新方法论。这些活动中，应用较多的一方面是企业基于业务开发所进行的产品开发和解决方案的创新孵化工作，通过采用设计思维创新方法论，催生出具有独特创新价值，满足用户深层次需求的产品，以提升企业在市场上的竞争力；另一方面是面对复杂的社会领域问题，比如交通拥堵、气候变暖、污染、贫困、游戏沉迷等涉及诸多利益相关者的解决方案创新研讨。这些实践中，设计思维承载着问题解决逻辑框架的职责、发挥着工具方法的作用。

（二）创新创业教育与咨询培训

1. 创新创业教育

创新创业的精神和能力是学校教育的核心目标之一，我国自2015年推进实施创新创业战略以来，各大高校、中小学都纷纷引入各种创新课程。在初期相当长的一段时间，我国的创新创业教育主要是是综合了国内外理论研究成果开展理论课程授课，后期在引入了国外一些创新实践课程后，开始加入实践操作环节。但是在较长一段时期，都以理论授课为主，实践课程局限于模拟公司创业的各个环节，包括市场调查、产品开发、公司注册等流程性步骤的操作学习，课程内容相对比较单调、枯燥，学生的积极性与参与性不够。

在进入21世纪设计思维创新方法论逐渐发展起来并得到理论和实践界的重视以后，尤其是在我国推进双创战略并贯彻落实到高等院校教育体系中时，设计思维很快进入教育工作者的视野，并被各高校争先引入，目前几乎成为各大高等院校的必修课，尤其是商科的学生。设计思维创新作为一个系统的方法，本身就发源于知名高校斯坦福大学，由于其具有翻转课堂、建构主义教学的特征，能够引发学生极高的积极性、创造性与参与度，而且能够产生优秀的创意成果，因而得以在美国、德国、英国等国家的高校广为采用，作为学生的必修课程。在进入我国后，也顺理成章成为众多教育机构的必选。

与此同时，在大力推进素质教育的我国中小学教育体系中，引入设计思维创新教育，亦可以通过各种创新活动激发和培养学生的创新精神、团队合作精神和动手能力，全面提升青少年的思维能力和综合素质。尽管中小学目前没有开设相关的课程，但遵循相关理念和做法所提供比如乐高动手实践、艺术设计与绘画、思维导图练习等实践活动也已经广泛开展。

2. 咨询培训

在设计思维创新理论研究与实践过程中，一部分优秀的国际国内人才通过创新咨询与培训服务在践行设计思维的创新理念与应用，为众多企事业单位的产品与服务开发提供了大力支持。公开信息报道等各种社会信息渠道显示，世界一流的科技公司几乎无一例外都践行设计思维的创新理念及工具方法，包括苹果、谷歌、波音、华为、华润、京东方、腾讯、阿里等。在这些知名公司的带领下，很多中小微企业也纷纷引入设计思维创新方法来实现产品或服务的开发。因此，这些实践活动为创新咨询与培训服务提供了极大的市场空间，来自于国外、国内的众多理论研究者和实践者承担了深入推进设计思维创新方法论应用的职责，发挥了重大作用。

综合参考国外、国内的高新技术企业、高等学校、中小学等应用设计思维创新方法论实践情况来看，在引入设计思维创新理念、课程及工具方法的过程，配备相应的专业创新实验室、提供必要的空间、材料、工具和教具，发挥类似于斯坦福大学d. school的功能，可以为创新团队全力以赴致力于创新探索实践活动，更好地参与创新创业实践，全面提升创新创业精神、冒险精神、团队合作能力与领导能力提供适宜的物理空间和心理空间，也有助于将理论成果转化为商业产出。众所周知美国斯坦福大学d. school的设计思维创新活动就为硅谷催生了众多成功的公司，打造出了包括苹果公司的鼠标等许多优秀的产品，此外德国波茨坦大学、慕尼黑大学等高校的d. schoo等专业实验室、清华大学的iCenter等创新空间也为学生的创意开发和创新创业实践提供了极大的支持。

二、设计思维创新工作坊

工作坊（workshop）最早出现在教育与心理学的研究领域之中，在20世纪初，波士顿一位叫作普拉特的医生，通过把结核病人聚集并分享自己的调节方式和高兴的事件来增强战胜疾病的信心，发现对治疗效果有意想不到的提升，后来被医学界和心理学界所广泛应用。在20世纪60年代美国的劳伦斯·哈普林（Lawence Harplin）则是将“工作坊”的概念和方式应用到都市计划的研讨过程中，形成一种可以鼓励立场不同的人们参与、思考、探讨、相互交流，进而需求创造性解决对策的一种方法。

由于工作坊的组织方式有利于促进参与人员的积极性、创造性和参与度，可以有针对性地深度探讨特定话题，组织方式非常灵活，低成本且效率高，因此成为会议研讨的一种非常通用的形式。从广义上讲，工作坊可泛指组织研讨的硬件环境设施、参与人员及组织方式的集合。设计思维创新的团队实践活动也多采取工作坊的组织方式，同时亦借助专业的实验室硬件设施及教具，基于设计思维创新方法论组织规范化创新活动，致力于复杂问题的创造性解决方案。根据我们的实践经验，现就科学合理地组织工作坊，需要重点关注的以下几个方面。

（一）跨界组织

设计思维活动主要通过跨界活动进行。跨界组织是指组织不同社会地位，不同身份及阶层的人在一起集思广益，进而开拓创新的一种创新方法。其主要原因在于在群体决策中，由于群体成员心理相互作用影响，易屈于权威或大多数人意见，形成所谓的“群体思维”。群体思维削弱了群体的批判精神和创造力，损害了决策的质量。而相同的阶层及身份地位的人容易形成一个群体，不利于集思广益，损害群体的创造力与创新力。

在组建创新创业团队之初，抑或每次在组织工作坊式的研讨前，设计思维创新方法论都强调尽最大可能地安排不同领域、不同专业、不同行业、不同工作岗位的异质参与者，以利于从不同视角看待和分析问题。甚至更专业的创新顾问或者培训师，会在组建团队前进行一定的性格测试，对创新创业团队成员的性格搭配都考虑进促进跨界、跨专业的范畴里。

（二）共创环境

环境包括物理环境和人际软环境两个方面。物理环境指的是创新需要制度、资源、场所与工具、人才等。创新往往会伴随一些打破常规、突破现有流程和利益格局的行为，如果现有的制度限制了这些行为，当然就会降低创新的效率甚至会破坏创新；创新往往需要重新组织资源，需要对资源尤其是当前不具备的资源进行协调安排，如果相应的资源不具备，就会使得创新缺乏必备的基础；而场所与工具则是创新人员开展探索和实验必需的活动场所，俗语所说“巧妇难为无米之炊”揭示的就是这个道理，再优秀的创新人员，如果没有场所和工具，那就很难将点子付诸现实；高水平的人才则是创新最关键的要素，人的智慧是创新性解决问题的关键。人际软环境则包括组织文化、人际关系、人员结构等，软环境尽管不提供直接有形的资源支持，难以具象化的表达，但这些要素却极大地影响着创新过程中人员积极性和创造性、活动进程、响应速度等，关系着创新的效率和效果。

设计思维创新特别重视创新活动的共创活动建设。在物理环境建设上，强调建设专业的创新实验室，比如斯坦福大学的 d. school，IDEO 公司的内部专门开设的工作间和休息区，清华大学的 iCenter，北京联合大学等专门建设的创意工坊和创新思维实验室，一些公司专设的创新空间及深度研讨专用的会议室等。在软环境建设上，不少组织引入了组织行为学、心理学等社会科学领域的方法论和工具，同时亦在具体组织方式上，采用工作坊、焦点小组、世界咖啡、开放空间技术等各种模式，强调创新创业实践活动要注重采用科学的组织模式，以促进改变人才的思维模式，重视对创新成员的思维开发和整体素质的提升。

（三）方法论和工具

创新的产生既需要个体成员具有较为全面的综合素质和能力，也需要经验丰富的教练。同时，整个创新活动过程更需要科学系统的方法论作为指导。设计思维发源于斯坦福大学，后来在世界各知名大学和创新机构得到深入发展，现在已作为众多大学、创意机构和企业广为应用的一种创新方法论和工具集。

在设计思维创新方法论的工具集里面，既吸收借鉴了包括心理学、组织行为学等学科的丰富理论成果和工具，比如我们所讨论的用户体验历程图、普拉特契克情绪模型、同理心地图、POV 等工具，也接纳了社会科学领域尤其是商业领域的先进成果，比如组织研讨的世界咖啡、开放空间技术、商业模式画布等多种研讨组织工具，甚至还在原型制作呈现环节把各种工程技术领域的工具和方法吸纳进来。我们亦可以说，设计思维创新是一个开放的方法论体系，对所有先进的理论成果和工具方法都积极吸纳和借鉴，因而保持着旺盛的生命力。

（四）创新顾问

任何活动都需要管理，创新活动属于探索性的过程，面临较大的不确定性及风险，失败和犯错是比较常见的事件。为了降低不确定性和失败所带来的负面影响，尽量提高成功率，选择富有经验创新顾问是一个不错的选择，也有人把创新顾问叫作创新教练、孵化师、催化师、引导师等，不管怎么称呼，其职能应该是一样的。

一名合格的创新顾问一般应当掌握了较为科学规范的创新方法论和综合的创新工具，同时也具有丰富的创新活动实践经验，尤为重要的是创新顾问应当对组织行为学、心理学有较为深入的理解，以有助于对创新人员进行引导和帮助。具体来说，创新顾问至少应具备以下的条件：

第一，丰富的创新理论知识基础，受过良好的有关创新创业理论教育，掌握了较为丰富的创新工具和方法；

第二，对心理学、设计心理学、组织行为学等人本主义心理领域有较为深入的认知，通晓相关领域的基础知识和工具方法；

第三，对设计思维创新方法论有全面而又深刻的认知，理解其背后的人本主义逻辑，把握规范的创新流程与步骤，并能根据实际情况做出灵活的调整；

第四，丰富的创新实践经验或者顾问经验，能够轻松组织引导创新实践活动，并能对服务过程中出现的新问题做出及时科学的处理；

第五，较强的语言表达能力、深刻的理解洞察能力及协调处理争端的能力。

【拓展阅读】

海尔开放创新平台 HOPE

海尔开放创新平台 HOPE 致力于打造智慧家庭全球最大技术创新入口和交互平台，平台宗旨是服务于全球的创新者，通过整合全球智慧，实现创新的产生和创新的转化。

平台宗旨

文化理念：开放、合作、分享、共赢理念，各抒己见，共同探索新时代下的开放创新之路。

运营理念：以创新技术市场为导向、以需求与资源的快速匹配为使命、以各方价值最大化为目标。

在秉承平台宇旨的背景下，通过整合、创新的转化，最终实现各相关方的利益最大化。

平台理念

互联网时代，时空不是问题，距离不是问题，海尔提出“世界就是我的研发部”，在这样的理念指导下，海尔探索搭建开放创新模式，把传统的瀑布式研发颠覆为迭代式研发，通过搭建线上开放创新平台 HOPE，全球的用户和资源可以在平台上零距离交互，实现创新的来源和创新转化过程中的资源匹配，持续产出颠覆性创新成果。

平台业务

1. HOPE 平台布局

目前海尔 HOPE 平台包括线上平台、线下网络及创新社群等内容。其中线下网络包括全球十大研发中心及多个创新整合中心，能够实现创新信息全球网络协同共享，创新社群也是 HOPE 平台的一大特色，实现了从对接组织到对接人的转变，可以快速对接需求。

2. HOPE 提供的服务

用户研究

使用微洞察工具采集用户生活场景数据，基于用户共情及专业的数据分析方法对用户行为做定性研究，获取精准的用户洞察，挖掘产品创新机会点。

研发中心

海尔构建了中国、美国、亚洲、欧洲、澳洲等十大研发中心，通过内部 1150 名接口人，紧密对接 10 万多家一流资源、120 多万名科学家和工程师，组成一流资源的创新生态圈。每个研发中心都是一个连接器和放大器，可以和当地的创新伙伴合作，形成了一个遍布全球的网络。

成功案例

Haier 天樽空调：2013 年 12 月 26 日，单日网上交易量突破 1228 套，创下空调线上销售史单价。

Haier 智慧烤箱：全名叫“海尔焙多芬智慧烤箱”，一款电脑和手机可以进行控制的联网智能烤箱。

Haier 匀冷冰箱：采用全隐藏蒸发器设计，储存的空间更宽大，独创的鲜循环动态保湿技术，让食物更加新鲜健康美味。

资料来源：百度文库。

三、设计思维创新实验室

设计思维创新实践活动尤其是工作坊的组织模式往往需要特定的物理空间，以有利于创新活动的正常开展，保证创新团队的互动空间和氛围。全球范围内众多的高科技公司以及高等院校都建设有自己的创新实验室，有的命名为“创新实验室”，有的命名为“创新空间”，有的命名为“创意工坊”等。这其中最具代表性的设计思维创新实验室当属美国斯坦福大学的 d. school，它既是设计思维创新方法论的发源地，亦是催生出众多成功的创新创业产品或服务的杰出代表，为硅谷乃至全美培育了大批创新人才，成为创新实践界膜拜的对象。当然，随着设计思维创新方法论的广泛传播，世界范围内有众多的高校、企业组织和事业单位都建有规模和水平不同的创新实验室。

（一）斯坦福大学 d. school 简介

斯坦福大学（Stanford University）位于加利福尼亚州，临近硅谷，是美国面积第二大的大学，被公认为世界上最杰出的大学之一。相比美国东部的多所常春藤盟校，斯坦福大学的建校时间虽然较短，但无论是学术水准还是其他方面都能与这些名校比肩。2004 年，斯坦福大学机械工程系的教授戴维·凯利（David Kelley）创办了 d. school（斯坦福大学哈索普莱特纳设计学院），并在 d. school 教授关于设计方法论的课程，他也是世界最著名的创业设计与咨询公司 IDEO 的创始人。

斯坦福大学的设计学院在世界上享誉盛名，据《华尔街日报》报道，斯坦福大学设计学院的名声早已超过商学院，成为斯坦福最受欢迎的学院。斯坦福大学设计学院的教学楼是座不大的两层红色小楼，一楼主要是以公共区域为主，开会、展览、讲座；二楼主要是很多大大小小的公共空间提供给学生、老师头脑风暴和讨论方案，由教师组织学生开展各种创新活动，因此可以说设计学院就是斯坦福大学的公共设计空间。另外，在地理位置上，设计学院位于硅谷，与硅谷各种传奇故事有着千丝万缕的联系，许多成功的企业都有创意来自于设计学院。苹果公司包括手机在内的诸多电子产品都在一定程度上采用了斯坦福大学的设计思维创新方法论。

正是因为其功能定位，不少业界人士认为它的名字更应该叫作“创新学院”。其实 d. school 只是一个研究中心性质的组织，不授予学位，也不附属于任何一个院系，只面向斯坦福学生开设课程，相关课程受到学生的热情欢迎！主要的原因就在于 d. school 的设计思维课程。这些课程经过多方传播、吸收和再创新，已经为全球各大知名企业参考，在企业内部实行 Design Thinking，以设计作为产品创新的驱动，也更加重视设计师的地位。

（二）设计思维创新实验室建设

设计思维创新实验室作为设计思维创新活动的物理空间载体，能够为创新活动的顺利开展提供应有的环境氛围和相应硬件设施，不少教育培训机构和企业组织都建设有专门的创新实验室。

1. 建设意义与目标

对于企业而言，创新工作坊是创新实践和教育培训紧密结合的场所，通过动手实践来解决现实问题和实际社会需求，将优质创意落地成为创新产品，最后演化为企业内部创业的孵化场所。建设专业的创新实验室有助于组织构建自身系统的创新体系、培养专业的创新人才、打造全员创新的范围。

对于高等学校而言，建设专业的创新实验室有助于达成多个目标。一是实践教学目标。实验室的建设有助于配合理论教学，完成实践教学的改革与创新，真正实现以学生为主体、教师为主导的建构主义教学理念，从传统的模拟式实践教学转换成真正的实操体验式教学，实现课堂的翻转；充分体现学生的个性，挖掘学生的潜能，调动学生的积极性和创造性，真正实现对学生的个性化培养；与现实接轨，体现应用型大学的教学特色。二是多元化人才培养目标。设计思维创新提倡跨界、跨专业合作。创新工作坊将为全校的文史类、理工类、经管类、艺术类学生提供创意思维训练平台，使他们有机会实地亲手设计和制作创意产品，锤炼具有专业交叉、能力互补的跨界人才。三是培养学生的创新思维、创新精神和企业家精神。通过系统的设计思维创新训练，可以开发学生的想象力和创意思维能力，拓展学生的思维空间，引导将现实的问题和需求转化为真实产品的能力；同时，培育学生的创新精神，在创新理论的指导下，挖掘创新潜能，通过创新思维训练，把学生培养成为社会需要的创新型人才；还可以培养学生的企业家精神，积极寻找创业机会，承接校园及社会的真实项目。四是社会服务目标。创新工作坊为学生科技活动和创业工作提供必要支持和保证，包括申报“挑战杯”创业计划大赛、启明星大学生科技大赛、申报国家发明专利或实用新型、培育创业团队、承接社会上的文化创意项目，为有需求的政府机构及企业提供服务。

2. 空间及硬件需求

（1）空间环境。空间包含大小、形状、采光等多个方面。设计思维创新空间需求主要取决于该实验室的建设目标。对于企业而言，主要依据自身创新活动目的、性质及人数；对于高校而言，则需主要考虑同时参与课堂的学生人数。在采光方面，则要考虑冷暖搭配，以构建轻松活动的环境。

（2）硬件建设。基于设计思维创新活动的过程，需要配备相应的硬件。最基本的硬件建设应该包括诸如团队研讨标准基础材料、团队共创展示材料、创新实操训练工具、访谈观察实践操作工具、创新思维同理心工具、创意发想平面工具、创新团队共创材料、创意引导卡片、团队共创专业引导布、原型制作保护工具、创意产品原型基础工具、创意产品原型基础材料、创意开发模型材料、定制创意展示板、可移动工具挂件、塑料板材、劳保用具、涂料和黏合剂、原型手动材料、工具箱、储物组合柜、材料组合架、创意研讨桌椅等硬件，还需要进行必要的装修、色彩搭配等工作。

3. 实验室核心功能

一般来讲，根据设计思维创新的基本流程，创新实验室的主要功能包括以下几方面。

（1）用户研究与创意开发。主要是借助团队力量，组织开展用户研究方案的制订与实施，用户访谈观察的数据整理分析，以及组织开展人员跨界创新活动，探索产品创意与服务方案设计。

（2）快速原型与体验测试。利用实验室的硬件设施，快速将产品创意和方案设计呈现出来，并在用户场景中进行体验测试工作，获取用户的反馈，进而进行持续迭代创新，直到能够获得用户满意为止。

（3）产品展示与宣传。通常来说，原型产品是至关重要的，它能够帮助创新项目团队讨论和优化最好的产品。它是一个机会来试验学生们的想法，并转化为有形的状态，你可以继续测试或者展开。当项目团队的原型产品失败之后，他们也可以及时调整策划，如软着陆，利用很多机会去迭代和改进。基本定型的原型产品这个阶段就可以用更好的工艺技术做出来，进行展示和宣传了。

（4）商业模式展示与宣传。在创新产品出来后，如何将产品的价值最大化也摆上了议事日程。这个阶段的重点是设计与产品配套的商业模式。商业模式，就是如何实现从产品到商业的重要一步。学生们通过多次讨论和优化，将达成一致的商业模式展示和宣传出去，吸引潜在客户和投资人的关注。

（5）创业项目路演。好的商业模式和商业计划让人眼前一亮，但是，藏在抽屉中的商业计划书却不会。因此，让更多人了解自己的商业计划和商业模式是这个阶段的主要工作。通过创业团队的路演，可以帮助团队成员进一步优化，并获得投资人的关注和商业机会。

【拓展阅读】

清华大学 x-lab（Tsinghua x-lab）

清华大学 x-lab（Tsinghua x-lab），是清华大学新型创意创新创业人才发现和培养的教育平台，简称“三创空间”，于 2013 年 4 月 25 日正式成立。清华 x-lab 倡导学科交叉、探索未知、体验式学习与团队协作的教育理念，致力于围绕三创（创意、创新、创业），探索新型的人才教育模式，帮助学生学习创意创新创业的知识、技能和理念，培养学生的创造力，包括创造性精神、创造性思维、创造性能力和执行能力，造就新一代的创新型人才。

清华大学 x-lab 依托清华大学经济管理学院，由清华大学经济管理学院、机械工程学院、理学院、信息科学技术学院、美术学院、医学院、航天航空学院、环境学院、建筑学院、材料学院、公共管理学院、工程物理系、法学院、新闻与传播学院、继续教育学院、电机系 16 个院系合作共建，并与清华科技园、清华控股和清华企业家协会、盛景网联、中关村发展集团、同方股份、启迪协信建立了战略合作伙伴关系。

清华大学 x-lab 是一个公益性的开放平台，持续接收来自清华大学的学生、校友和老师的创意创新创业不同阶段的项目，并为他们提供学习机会、活动机会、培育指导、资源和服务。目前，围绕学习、活动、资源和培育 4 个功能板块搭建平台，从创意、创新和创业 3 个维度推进，持续开展一系列相关工作，包括：与清华大学研究生院共同推出“清华大学学生创新力提升证书”课程；逐步搭建起纵横布局的创新中心，为学生提供专业领域的训练、指导和咨询；根据不同类型的项目团队，开展有针对性的系列活动，如创新工作坊、驻校企业家（Entrepreneur-in-Residence）和驻校天使（Angel-in-Residence）咨询服务、北极光系列创新讲座等；提供学习和实践场所（清华科技园科技大厦B座B1层1000平方米工作场地）。

截至2018年10月底，已经有超过3万人次的清华及社会的青年学生参与了清华大学x-lab组织的各类讲座、比赛、交流、实践活动，1300多个来自于清华在校生和校友的创意创新创业不同阶段的项目加入清华大学x-lab，注册企业的项目直接带动的就业超8000人，同时，经过清华大学x-lab的培育，所有注册公司的项目融资金额已经突破30亿元人民币。清华大学x-lab不仅成为北京市科委授牌的第一批“众创空间”，同时还被中关村管委会认定为“创新型孵化器”和“中关村（清华）梦想实验室”。

场地一：清华大学x-lab活动区

清华大学x-lab场地是学生创新创业的跨学科团队合作、实践交流的空间。面向清华大学全校在校生和年轻校友开放。场地位于清华科技园科技大厦B座地下一层101，使用面积515平方米，多个功能区域可容纳180人同时进行实践工作和交流活动。场地设计由清华大学建筑学院的学生团队负责。

场地二：清华大学x-lab工作区

清华大学x-lab工作区场地由清华大学x-lab自己的创业团队“无预设建筑工作室”构思设计并具体实施。该场地是由健身房改造而来，保留了镜面，提示创业的同学及时审视自己把精力聚焦在最核心的事情上。场地的桌面由清华

19学院+2系的楼缩小50倍而来，每个清华人都可以在其中找到自己的院系，提醒清华创业者自己的所学和特长，增进了学科交叉的可能性。沿墙设置团队卡片，不同颜色卡片代表不同团队创业方向，便于同学们相互学习资源互补，使每个团队都有归属感。导师墙使同学们得到学长的支持和帮助。把屋顶管道涂色，使得管道纳入空间成为丰富空间的资源，而不是回避，也使得屋顶升高。设计都由使用导向体现了“无预设”的理念。

（资料来源：根据清华大学 x-lab 网站资料整理）

【拓展阅读】

北京联合大学创新空间（i-space）

北京联合大学是1985年经教育部批准成立的北京市属综合性大学，其前身是1978年北京市依靠清华大学、北京大学等创办的36所大学分校。经过40多年的建设与发展，学校的综合实力显著增强，形成了经、法、教、文、史、理、工、医、管、艺等10个学科相互支撑、协调发展，以本科教育为主，研究生教育、高职教育、继续教育和留学生教育协调发展的完备人才培养体系，是北京市重点建设的应用型人才培养基地，也是北京市规模最大的高校之一。

北京联合大学创新空间位于北四环校区综合实验楼，为学校管理学院所主管，由两个专业创意空间（创意工坊+创新思维实验室）、一个蜂巢创客空间、一个“Space+”成果展示空间协同分工组成。其中创意工坊位于A座3楼，主要承担创新创业实践孵化职能；创新思维实验室位于实验楼B座6楼，主要承担创新创业课程的理论授课和实践课程授课职能。创新空间建设始于2015年，学院借助赴斯坦福大学、哥伦比亚大学、纽约大学等国际高等院校，以及国际设计思考学会（ISDT）、IDEO公司芝加哥公司等知名机构交流合作的机会，并依托与国内清华大学、浙江大学等知名高校学者开展学术与教育交流各种契机，综合社会各方面力量、历时三年筹建而成。

创意工坊秉承国际前沿创新理念，吸收国内外最新成果，建设面向全校、跨专业、整合社会资源、跨界协同创新的开放式创新空间，以充分利用资源，构建良好育人环境，培养学生创意思维与创新能力。创意工坊定位于大学生创意思维教育与训练，以激发主体的创造力，开发可创造潜在财富和就业机会的活动，促进创意与创新、创业的有机衔接，成为创新及创业动力源泉。创意工坊总体占地220平方米，包括创意开发、原型设计、产品呈现等功能区，主要承担在校大学生创新创业实践活动及社会各界创新研讨需求，开展产品或服务开发、创新项目孵化、创业项目研讨与路演、为技术创新和创业公司孵化提供创意源泉及产品原型等功能。创新思维实验室总体占地100平方米，则主要承担在校大学生创意开发与创新思维方面的教学与实践（包括：理论教学、课内实践、综合实践、创新项目等），使学生在创意开发、原型设计、产品呈现等设计思维创新关键流程与步骤获得系统化教学训练。

蜂巢创客空间主要承担在校大学生创新创业项目的孵化功能，即为那些较为成功的优秀创意和创新项目提供办公硬件环境、实践指导等孵化工功能，为创新项目保驾护航。"Space+"空间秉承管理学院"双创"育人理念，以最大限度的空间自由，激发大学生的创造力和想象力，让创意得以萌芽，让创新得以展示，让经历得以铭记，去创造无限可能。“Space+”空间分为四大区域，分别为：“Space+”双创成果展示区、“Idea+”互动体验区、“Innovation+”创意路演区及“Glory+”荣耀时刻区。

北京联合大学创新空间在硬件建设上参照国际顶尖高等院校和知名创新公司的先进理念与前沿做法，在合理布置空间职能分工的基础上，配备了联动机床、工业级3D打印机、无人机、陶泥转盘机、VR系统、除尘机等设备用以原型制作与呈现，也配套了包括乐高玩具、彩色胶泥、各类彩纸、PVC板等种类繁多的手工材料。同时，基于教学研讨和创新实践的需要，还购置了包括视觉引导卡、同理心洞察卡、需求洞察与功能呈现图等各种创新引导教具。在软件建设上，创新空间一方面购置了专业的设计思维创新教学模拟软件，以帮助学生随时随地掌握自身创新进度、保存阶段性成果并撰写报告；另一方面在师资配备上组织专业教师出国交流学习，在国内参加系统的设计思维课程培训并通过跨校交流不断提升教师的理论素养与教学水平。

创新空间在功能上与校院现有的创业广场、孵化基地等有明确功能区分，又相互有机衔接——在创新坊生成的具有发展前景的创意方案和产品原型，由工坊采取方案及产品遴选、择优、转让等方式向校院创业广场、孵化基地等推荐，使创新空间成为学校大学生创意思维教育基地、创意作品展示中心和对外交流的窗口，成为在校大学生创新创业梦想启航的港湾，也致力于服务北京市乃至全国各类社会机构的创新创业孵化实践，为社会做出应有的贡献。

参考文献

[1] 蒂姆·布朗．设计改变一切［M］．候婷，译．北方联合出版传媒（集团）股份有限公司，2011.

[2] 罗伯特·维甘提．第三种创新：设计驱动式创新如何缔造新的竞争法则［M］戴莎，译．北京：中国人民大学出版社，2014.

[3] 罗伯托·维甘提．意义创新：另辟蹊径，创造爆款产品［M］．吴振阳，译．北京：人民邮电出版社，2018.

[4] 王可越，税琳琳，姜浩．设计思维创新导引［M］．北京：清华大学出版社，2017.

[5] 北京联合大学管理学院．创新思维：基础、方法与应用［M］．北京：清华大学出版社，2020.5.

[6] 陶金元，陶秋燕．发达国家的创新战略及其对我国的启示［J］．宏观经济管理，2017（4）：81-86.

[7] 法思诺教育咨询（北京）有限公司．设计思考国际认证培训教材（国作登字-2019-L-00701786），2019.

[8] 陈劲，陈雪颂．设计驱动式创新——一种开放社会下的创新模式［J］．技术经济，2010，29（8）：1-5.

[9] 叶伟巍，王翠霞，王皓白．设计驱动型创新机理的实证研究［J］．科学学研究，2013，31（8）：1251，

1260-1267.

[10] 陈雪颂，王志玮，陈劲．外部知识网络嵌入性对企业设计创新绩效的影响机制——以意义创新过程为中介变量 [J]．技术经济，2016，35 (7)：27-31+96.

[11] 赖红波．设计驱动创新微观机理与顾客感知情感价值研究 [J]．科研管理，2019，40 (3)：1-9.

[12] 吴晓波，余璐，雷李楠．超越追赶范式转变期的创新战略 [J]．管理工程学报，2020，34 (1)：1-8.

[13] 陈雪颂，陈劲．设计驱动型创新理论最新进展评述 [J]．外国经济与管理，2016，38 (11)：45-57.

[14] 陈国栋，陈圻．设计驱动创新再审视：内涵与成长机制的视角 [J]．经济体制改革，2012 (1)：127-131.

[15] 陈劲，俞湘珍．基于设计的创新——理论初探 [J]．技术经济，2010，29 (6)：11-14，34.

[16] 王淑敏．企业能力如何“动”“静”组合提升企业绩效？——能力理论视角下的追踪研究 [J]．管理评论，2018，30 (9)：121-131.

[17] 董保宝，罗均梅，许杭军．新企业创业导向与绩效的倒 U 形关系——基于资源整合能力的调节效应研究 [J]．管理科学学报，2019，22 (5)：83-98.

[18] 何一清，崔连广，张敬伟．互动导向对创新过程的影响：创新能力的中介作用与资源拼凑的调节作用 [J]．南开管理评论，2015，18 (4)：96-105.

[19] 王喜刚．组织创新、技术创新能力对企业绩效的影响研究 [J]．科研管理，2016，37 (2)：107-115.

[20] 刘学元，丁雯婧，赵先德．企业创新网络中关系

强度、吸收能力与创新绩效的关系研究 [J]. 南开管理评论，2016，19 (1)：30-42.

[21] Barney J B. Firm Resources and Sustained Competitive Advantage [J]. Journal Of Management，1991，17 (1)：99-121.

[22] Brown T. Design Thinking [J]. Harvard Business Review. 2008，86 (6)：84-92.

[23] Brown T，Katz B. Change By Design：How Design Thinking Transforms Organizations and Inspires Innovation [M]. New York：Harper Business，2009.

[24] Brown T，Martin Roger. Design For Action [J]. Harvard Business Review. 2015，93 (9)：56-64.

[25] Brown T. When Everyone Is Doing Design Thinking，Is it Still A Competitive Advantage? [J]. Harvard Business Review Digital，2015 (8)：2-3.

[26] Buchanan R. Wicked Problems In Design Thinking [J]. Design Issues，1992，8 (2)：5-21.

[27] Camagi R，Capello R. Urban Milieux：From Theory to Empirical Findings [C]. Learning From Clusters-A Critical Assessment from an Economic-Geographical Perspective，2005. 249-274.

[28] Capon C. Understanding Organisational Context [M]. Harlow：Pearson Education Ltd. 2000.

[29] Coleman J S. Foundations of Social Theory [M]. Cambridge：Belknap Press，1990.

[30] Conklin J. Wicked Problems and Social Complexi-

ty [M] //CONKLIN J. Dialogue Mapping: Building Shared Understanding of Wicked Problems. New York: John Wiley and Sons Ltd. 2005.

[31] Daft R L. Organization Theory And Design [M]. St. Paul: West Pub. Co., 1983.

[32] Dell'era C, Verganti R. Strategies Of Innovation And Imitation Of Product Languages [J]. Journal of Product Innovation Management, 2007, 24 (6): 580-599.

[33] Emirbayer M, Goodwin J. Network Analysis, Culture And The Problem of Agency [J]. American Journal of Sociology, 1994, 99 (6): 1411-1454:

[34] Faste, Rolf A. The Role Of Visualization In Creative Behavior [J]. Journal of Engineering Education, 1972, 63 (2): 124-127, 146.

[35] Geels F W. From Sectoral Systems of Innovation to Socio-Technical Systems: Insights about Dynamics and Change From Sociology and Institutional Theory [J]. Research Policy, 2004, 33 (6-7): 897-920.

[36] Hakansson Understanding Business Markets [M]. New York: Room Helm, 1987.

[37] Halinen M K. Business Relationships and Networks: Managerial Challenge of Network Era [J]. Industrial Marketing Management, 1999, 28 (5): 413-427.

[38] Herbert A. Simon. The Sciences of the Artificial [M]. M. I. T. Press. 1970, C1969.

[39] Ingle B R. Design Thinking for Entrepreneurs and

Small Businesses：Putting the Power of Design to Work［M］. New York：Springer Science+Business Media，2013.

［40］Kelley D，Kelley T. Creative Confidence：Unleashing the Creative Potential Within Us All［M］. New York：Crow Business，2013.

［41］Lawson，B. How Designers Think：The Design process Demystified［M］. Boston：Architectural Press：1980.

［42］Leesmaffei G. Introduction-Writing Design：Words，Myths，Practices［J］. Working Papers on Design，2010，4（1）：1-5.

［43］Leifer L，Meinel C. Looking Further：Design Thinking Beyond Solution-Fixation［A］. Meinel C，Leifer L. Understanding Innovation［C］Cham：Springer Nature Switzerland AG，2019：1-12.

［44］Margolin V. Design Discourse：History，Theory，Criticism［M］. Chicago：University of Chicago Press，1989.

［45］Mckim R H. Experiences In Visual Thinking［M］. Monterey：Cole Publishing Company，CA，1980.

［46］Meinel C，Leifer L. Design Thinking Research-Looking Further：Design Thinking Beyond Solution-Fixation［M］. Gewerbestrasse：Springer Nature Switzerland AG，2019.

［47］Mintzberg H. Structure In Fives：Designing Effective Organizations［M］. Englewood Cliffs：Prentice Hall International，Inc.，1983.

［48］Norman D A. Emotional Design：Why We Love

(Or Hate) Everyday Things [M]. New York: Basic Books, 2004.

[49] Norman D A. The Design of Future Things [M]. New York: Basic Books, 2007.

[50] Norman D A. The Design of Everyday Things [M]. New York: Basic Books, 1988.

[51] Porter M E. Competitive Strategy [M]. New York: Free Press, 1980.

[52] Rein P, Taeumel M, Hirschfeld R. Towards Exploratory Software Design Environments for the Multi-Disciplinary Team [A]. Meinel C, Leifer L. Understanding Innovation [C] Cham: Springer Nature Switzerland AG, 2019: 229-248.

[53] Rittel H J, Webber M M. Dilemmas in a General Theory Of Planning [J]. Policy Sciences, 1973, 4 (2): 155-169.

[53] Rowe P G. Design Thinking [M]. Cambridge: MIT Press, 1987.

[55] Sarasvathy S D. Causation and Effectuation: Toward A Theoretical Shift from Economic Inevitability to Entrepreneurial Contingency [J]. Academy of Management Review, 2001, 26 (2): 243-263.

[56] Simon H A. Administrative Behaviorl [M]. New York: Free Press, 1945.

[57] Simon H A. The Sciences of The Artificial [M]. M. I. T. Press. 1969.

[58] Sirmon D G, Hitt M A, Ireland R D. Managing

Firm Resources In Dynamic Environments To Create Value: Looking Inside The Black Box [J]. The Academy of Management Review, 2007, 32 (1): 273-292.

[59] Tang H. An Integrative Model of Innovation in Organizations [J]. Technovation, 1998, 18 (5): 297-309.

[60] Verganti R. Design as Brokering of Languages: Innovation Strategies in Italian Firms [J]. Design Management Journal, 2003, 14 (3): 34-42.

[61] Verganti R. Design, Meanings, and Radical Innovation: A Metamodel and a Research Agenda [J]. Journal of Product Innovation Management, 2008, 25 (5): 436-456.

[62] Verganti R. Design-Driven Innovation: Changing the Rules of Competition by Radically Innovating What Things Mean [M]. Boston: Harvard Business Press, 2009.

[63] Verganti R. Designing Breakthrough Products [J]. Harvard Business Review, 2011, 89 (10): 114-120.

[64] Verganti R. Innovating through Design [J]. Harvard Business Review, 2006, 84 (12): 114-122.

[65] Verganti R. Overcrowded: Designing Meaningful Products in a World Awash With Ideas [M]. Cambridge: The MIT Press, 2016.

[66] Verganti R. Radical Design and Technology Epiphanies: A New Focus for Research on Design Management [J]. Product Development & Management Association, 2011, 28 (3): 384-388.

[67] Walsh V, Roy R. The Designer As Gatekeeper In

Manufacturing Industry [J] . Desing Studies, 1985, 6 (2): 127-135.

[68] Wilden R, GUDERGAN S P. The Impact of Dynamic Capabilities on Operational Marketing and Technological Capabilities: Investigating the Role of Environmental Turbulence [J] . Journal of The Academy Marketing Science, 2015, 43 (2): 181-199.

[69] Yashar M, Martin L. Comparing Effectuation To Discovery-Driven Planning, Prescriptive Entrepreneurship, Business Planning, Lean Startup, And Design Thinking [J] . Small Business Economics. 2020, 54 (3): 791-818.

后 记

我们在过去的教学和培训实践中，为国内众多高等院校和大型知名公司提供了上百次工作坊，以及创新项目的咨询顾问，为设计思维创新方法论的推广和深入发展做出了大量工作，推动了多家大型知名企业产品开发与解决方案的落地，这也是本书的背景和来源。本书的主要目标是通过系统地阐释设计思维创新方法论的理念、工具与方法，帮助创新实践者更好地理解和应用设计思维创新方法论。

本书的写作是在进行了一定工作量的文献阅读、大量的设计思维创新咨询与培训的实践经验总结而成。主要目的在于弥补当前对于理解和应用设计思维创新方法论过程中众多爱好者理解上的挑战、应用上的困惑。当然，不可避免的是，在具体创新实践中，一些流程安排、工具方法的应用存在因人而异、因时而异的情况，还请读者们自行判断抉择。

本书在写作过程中，得到了知名创新学者清华大学经济管理学院的陈劲教授、浙江大学管理学院的郑刚教授、国际设计思考学会（ISDT）副主席姜台林博士的大力支持与帮助，也获得了国内多家知名高科技公司高、中层管理者的期待与赞许。能够得到学术界与实业界的认可是我们所有创新理论研究与实践者的最大动力。

在未来的学术研究和实践中，我将继续砥砺前行，努力做出更多的探索与成果。创新理论研究和实践，让我们活力四射，让世界从此不同！未来的路上，我们持续努力，创造更美好的明天！

限于个人能力及时间紧迫，书中的失误在所难免，恳请读者朋友来信批评指正！

个人邮箱：taojinyuan@126.com

微信号码：2544295337

陶金元

2021年8月20日